图文精解建筑工程施工职业技能系列

防 水 工

徐 鑫 主编

中国计划出版社

图书在版编目（ＣＩＰ）数据

防水工 / 徐鑫主编. -- 北京 : 中国计划出版社,
2017.1
图文精解建筑工程施工职业技能系列
ISBN 978-7-5182-0523-3

Ⅰ. ①防… Ⅱ. ①徐… Ⅲ. ①建筑防水－工程施工－
职业培训－教材 Ⅳ. ①TU761.1

中国版本图书馆CIP数据核字(2016)第253938号

图文精解建筑工程施工职业技能系列
防水工
徐　鑫　主编

中国计划出版社出版发行
网址：www.jhpress.com
地址：北京市西城区木樨地北里甲 11 号国宏大厦 C 座 3 层
邮政编码：100038　电话：(010) 63906433（发行部）
北京市科星印刷有限责任公司印刷

787mm×1092mm　1/16　13 印张　313 千字
2017 年 1 月第 1 版　2017 年 1 月第 1 次印刷
印数 1—3000 册

ISBN 978-7-5182-0523-3
定价：37.00 元

《防水工》编委会

前　言

防水工是土建专业工种中的重要成员之一，专指对建筑表层进行防水施工与维护管理等技术工作的工人。随着我国生活条件的不断提高，人们非常重视居住环境的防水情况。防水工程的施工是建筑施工技术的重要组成部分，也是保证建筑和构筑物不受雨雪侵蚀、内部空间不受大气危害的分项工程施工。通过防水材料的合理应用，可防止浸水和渗漏的发生，从而确保建筑物的使用功能，延长建筑物的使用寿命。因此，研究建筑工程的防水技术，对提高建筑工程质量意义重大。基于此，我们组织编写了这本书，旨在提高防水工专业技术水平，确保工程质量和安全生产。

本书根据国家新颁布的《建筑工程施工职业技能标准》JGJ/T 314—2016以及《屋面工程质量验收规范》GB 50207—2012、《屋面工程技术规范》GB 50345—2012、《地下防水工程质量验收规范》GB 50208—2011、《地下工程防水技术规范》GB 50108—2008、《聚氨酯防水涂料》GB/T 19250—2013、《聚氯乙烯（PVC）防水卷材》GB 12952—2011 等标准编写，主要介绍了防水工的基础知识、防水材料、防水施工机具、屋面防水、地下室防水施工、厕浴间防水、防水工程施工质量验收等内容。本书采用图解的方式讲解了防水工应掌握的操作技能，内容丰富，图文并茂，针对性、系统性强，并具有实际的可操作性，实用性强，便于读者理解和应用。既可供防水工、建筑施工现场人员参考使用，也可作为建筑工程职业技能岗位培训相关教材使用。

由于作者的学识和经验所限，虽然经编者尽心尽力，但是书中仍难免存在疏漏或未尽之处，敬请有关专家和读者予以批评指正（E - mail：zt1966@126.com）。

编　者

2016 年 10 月

目　　录

1　防水工的基础知识 ……………………………………………… （1）

1.1　防水工职业技能等级要求 …………………………………… （1）

1.1.1　五级防水工 ……………………………………………… （1）

1.1.2　四级防水工 ……………………………………………… （1）

1.1.3　三级防水工 ……………………………………………… （2）

1.1.4　二级防水工 ……………………………………………… （3）

1.1.5　一级防水工 ……………………………………………… （3）

1.2　房屋建筑的主要构造 ………………………………………… （4）

1.3　施工安全管理 ………………………………………………… （9）

1.3.1　施工设备及用电安全 …………………………………… （9）

1.3.2　卷材屋面防水施工安全管理 …………………………… （10）

1.3.3　刚性屋面防水施工安全管理 …………………………… （14）

1.3.4　涂膜屋面防水施工安全管理 …………………………… （14）

1.3.5　瓦材屋面防水施工安全管理 …………………………… （15）

2　防水材料 ………………………………………………………… （17）

2.1　防水材料的特点及选用要求 ………………………………… （17）

2.1.1　防水材料的性能与特点 ………………………………… （17）

2.1.2　防水材料的适用范围 …………………………………… （18）

2.1.3　屋面防水材料选用要求 ………………………………… （18）

2.1.4　地下防水材料选用要求 ………………………………… （19）

2.2　防水卷材 ……………………………………………………… （20）

2.2.1　塑性体改性沥青防水卷材 ……………………………… （20）

2.2.2　弹性体改性沥青防水卷材 ……………………………… （23）

2.2.3　聚氯乙烯防水卷材 ……………………………………… （26）

2.2.4　氯化聚乙烯防水卷材 …………………………………… （29）

2.3　防水涂料 ……………………………………………………… （31）

2.3.1　聚氨酯防水涂料 ………………………………………… （31）

2.3.2　聚合物水泥防水涂料 …………………………………… （34）

2.3.3　聚合物乳液建筑防水涂料 ……………………………… （35）

2.3.4　聚氯乙烯弹性防水涂料 ………………………………… （37）

2.3.5 水乳型沥青防水涂料 ……………………………………… （37）

2.3.6 溶剂型橡胶沥青防水涂料 …………………………………… （38）

2.4 防水密封材料 …………………………………………………… （39）

2.4.1 密封材料分类和要求 ………………………………………… （39）

2.4.2 聚氨酯建筑密封胶 …………………………………………… （40）

2.4.3 聚硫建筑密封胶 ……………………………………………… （41）

2.4.4 硅酮建筑密封胶 ……………………………………………… （42）

2.4.5 密封材料的验收和储运 ……………………………………… （43）

2.5 堵漏防水材料 …………………………………………………… （44）

3 防水施工机具 ……………………………………………………… （46）

3.1 一般施工工、机具 ……………………………………………… （46）

3.2 涂膜防水施工常用工具 ………………………………………… （50）

3.3 防水卷材施工常用工具 ………………………………………… （51）

3.4 刚性防水层施工常用工具 ……………………………………… （55）

3.5 密封填料防水施工常用工具 …………………………………… （56）

3.6 其他机具的使用和维护 ………………………………………… （56）

4 屋面防水 …………………………………………………………… （60）

4.1 卷材防水屋面 …………………………………………………… （60）

4.1.1 卷材防水屋面的构造 ………………………………………… （60）

4.1.2 卷材防水施工条件 …………………………………………… （61）

4.1.3 卷材防水层铺贴 ……………………………………………… （61）

4.1.4 沥青防水卷材施工 …………………………………………… （65）

4.1.5 高聚物改性沥青防水卷材施工 ……………………………… （67）

4.1.6 合成高分子防水卷材施工 …………………………………… （75）

4.2 涂膜防水屋面 …………………………………………………… （78）

4.2.1 涂膜防水屋面的构造 ………………………………………… （78）

4.2.2 涂膜防水屋面的施工方法 …………………………………… （79）

4.2.3 高聚物改性沥青防水涂料施工 ……………………………… （80）

4.2.4 合成高分子防水涂料施工 …………………………………… （84）

4.2.5 聚合物水泥防水涂料施工 …………………………………… （85）

4.3 刚性防水屋面 …………………………………………………… （87）

4.3.1 刚性防水层面一般要求 ……………………………………… （87）

4.3.2 屋面混凝土防水层施工 ……………………………………… （88）

　　4.3.3　屋面块体刚性防水层施工 ………………………………………………（94）

　4.4　接缝密封防水屋面 …………………………………………………………（96）

　　4.4.1　施工准备 …………………………………………………………………（96）

　　4.4.2　施工技术要求 ……………………………………………………………（98）

　　4.4.3　冬期施工 …………………………………………………………………（102）

　4.5　屋面细部构造防水 …………………………………………………………（103）

　4.6　屋面渗漏维修 ………………………………………………………………（113）

　　4.6.1　卷材防水屋面渗漏维修 …………………………………………………（113）

　　4.6.2　涂膜防水屋面渗漏维修 …………………………………………………（116）

　　4.6.3　细石混凝土屋面渗漏维修 ………………………………………………（117）

5　地下室防水施工 …………………………………………………………………（119）

　5.1　卷材防水层 …………………………………………………………………（119）

　　5.1.1　施工要求 …………………………………………………………………（119）

　　5.1.2　外防外贴法施工 …………………………………………………………（121）

　　5.1.3　外防内贴法施工 …………………………………………………………（125）

　5.2　水泥砂浆防水层 ……………………………………………………………（126）

　　5.2.1　水泥砂浆防水层构造做法 ………………………………………………（126）

　　5.2.2　普通水泥砂浆防水层施工 ………………………………………………（127）

　　5.2.3　阳离子氯丁胶乳水泥砂浆防水层施工 …………………………………（131）

　　5.2.4　有机硅水泥砂浆防水层施工 ……………………………………………（132）

　　5.2.5　掺外加剂水泥砂浆防水层施工 …………………………………………（133）

　　5.2.6　纤维聚合物水泥砂浆防水层施工 ………………………………………（134）

　5.3　涂料防水层 …………………………………………………………………（135）

　　5.3.1　施工要求 …………………………………………………………………（135）

　　5.3.2　涂料防水层细部构造防水处理 …………………………………………（136）

　　5.3.3　单组分聚氨酯涂膜防水层施工 …………………………………………（138）

　　5.3.4　聚合物水泥防水涂料施工 ………………………………………………（140）

　　5.3.5　氯丁橡胶沥青防水涂料施工 ……………………………………………（141）

　　5.3.6　再生橡胶沥青防水涂料施工 ……………………………………………（142）

　5.4　地下工程排水 ………………………………………………………………（144）

　　5.4.1　渗排水施工 ………………………………………………………………（144）

　　5.4.2　盲沟排水施工 ……………………………………………………………（145）

　　5.4.3　隧道、坑道排水施工 ……………………………………………………（148）

　5.5　地下细部构造防水 …………………………………………………………（151）

　5.6　地下工程渗水堵漏 …………………………………………………………（160）

5.6.1 地下工程渗水堵漏一般要求 ·············· （160）

5.6.2 地下工程渗水堵漏方案的确定 ·············· （161）

5.6.3 孔洞漏水堵漏方法 ·············· （162）

5.6.4 裂缝渗水堵漏方法 ·············· （163）

5.6.5 灌浆堵漏方法 ·············· （166）

6 厕浴间防水 ·············· （174）

6.1 厕浴间防水施工 ·············· （174）

6.1.1 聚合物防水涂料施工 ·············· （174）

6.1.2 聚氨酯防水涂料施工 ·············· （177）

6.1.3 氯丁胶乳沥青防水涂料施工 ·············· （178）

6.1.4 地面刚性防水层施工 ·············· （180）

6.1.5 厕浴间防水施工注意事项 ·············· （181）

6.2 厕浴间各节点防水构造 ·············· （182）

6.3 厕浴间渗漏维修 ·············· （188）

6.3.1 厕浴间渗漏维修一般要求 ·············· （188）

6.3.2 厕浴间渗漏部位及原因 ·············· （188）

6.3.3 厕浴间楼地面渗漏维修 ·············· （189）

6.3.4 厕浴间墙面渗漏维修 ·············· （190）

6.3.5 厕浴间节点部位渗漏维修 ·············· （190）

7 防水工程施工质量验收 ·············· （192）

7.1 防水工程检验批的划分与验收 ·············· （192）

7.2 防水工程质量验收 ·············· （195）

参考文献 ·············· （198）

1 防水工的基础知识

1.1 防水工职业技能等级要求

1.1.1 五级防水工

1. 理论知识

（1）熟悉常用防水材料名称、种类、特性、用途。

（2）熟悉常用工具、量具名称，了解其功能和用途。

（3）了解防水工程中常用的材料基本检测要求。

（4）了解常见的防水部位。

（5）了解常见防水施工工艺和常见的施工方法。

2. 操作技能

（1）能够涂刷改性沥青防水涂料和常用合成高分子防水涂料。

（2）能够粘贴改性沥青、常用合成高分子卷材。

（3）会推滚热熔高聚物改性沥青防水卷材。

（4）会涂刷常用合成高分子防水卷材胶粘剂。

（5）会填嵌建筑防水密封胶背衬材料及其他密封材料。

（6）会粘贴、揭除防水密封胶施工中的遮挡胶条。

（7）会拌制、涂刷或铺抹建筑防水砂浆。

（8）会按压浆堵漏要求凿基层槽及压浆。

（9）会清洗冲击钻、切割机、压浆机、熬沥青设备等。

1.1.2 四级防水工

1. 理论知识

（1）熟悉常用防水涂料、防水卷材施工等要点。

（2）熟悉防水层质量、基层等基础知识。

（3）熟悉安全生产操作规程。

（4）了解质量验收基础知识。

（5）了解常用防水涂料细部施工、防水卷材细部施工、嵌缝材料细部施工、防水砂浆施工、压浆堵漏材料施工等操作知识。

（6）了解常用防水嵌缝胶施工、防水砂浆施工、压浆堵漏剂施工等要点。

2. 操作技能

（1）能够涂刷常用高聚物改性沥青防水涂料特殊部位。

（2）能够裁剪防水卷材。

（3）能够养护建筑防水砂浆。

（4）能够控制常用合成高分子防水卷材粘贴时间。

（5）能够在作业中实施安全操作。

（6）会封闭压浆堵漏压浆槽。

（7）会控制高聚物改性沥青防水卷材火焰加热器。

（8）会在特殊部位和搭接部位粘贴常用合成高分子防水卷材。

（9）会处理建筑防水密封胶缝基层、建筑防水砂浆基层。

（10）会调制建筑防水密封胶。

（11）会铺抹建筑防水砂浆特殊部位。

（12）会粘贴改性沥青卷材附加层。

（13）会调制和搅拌常用高聚物改性沥青防水涂料、合成高分子防水涂料。

（14）会安装压浆堵漏压浆接头。

（15）会常规维护冲击、切割机械、压浆机和熬沥青设备。

（16）会处理高聚物改性沥青防水卷材搭接部位的加热和黏结。

1.1.3 三级防水工

1. 理论知识

（1）掌握预防和处理质量和安全事故方法及措施。

（2）熟悉常用防水涂料、防水卷材、防水嵌缝胶、防水砂浆、压浆堵漏剂技术指标和检验知识。

（3）熟悉常用防水涂料、防水卷材、嵌缝材料、防水砂浆、压浆堵漏材料质量标准和检验方式。

（4）了解防水施工环境基础知识。

（5）了解防水技术规范知识。

（6）了解质量验收基础知识。

（7）了解班组管理基础知识。

2. 操作技能

（1）熟练进行常用合成高分子防水卷材防水基层处理。

（2）能够检查安全措施落实情况并按安全生产规程指导作业。

（3）能够处理常用防水涂料、防水卷材、防水密封胶缝的防水施工基层。

（4）能够检验常用建筑防水密封胶施工、常用建筑防水砂浆、压浆堵漏施工等质量。

（5）会验收常用防水涂料、防水卷材、防水密封胶、防水砂浆等的材料质量。

（6）会检验常用防水涂料、防水卷材等防水层施工质量。

（7）会寻找压浆堵漏漏水点。

（8）会排除相关设备的简单故障。

（9）会控制常用防水涂料、常用卷材、常用建筑防水密封胶等施工现场环境。

1.1.4　二级防水工

1．理论知识

（1）掌握常用防水涂料、防水卷材、嵌缝材料、防水砂浆、压浆堵漏材料等的施工程序和缺陷修补知识。

（2）熟悉常用防水涂料、防水卷材、防水嵌缝胶、防水砂浆、压浆堵漏剂等特性和用量知识。

（3）熟悉有关安全法规及一般安全事故的处理程序。

（4）熟悉防水层与相关层施工基本程序基础知识。

（5）熟悉防水专业施工图知识。

（6）了解施工方案编制基础知识。

（7）了解质量控制基础知识。

2．操作技能

（1）能够修补高聚物改性沥青防水涂料、合成高分子防水涂料、高聚物改性沥青防水卷材、合成高分子防水卷材、建筑防水密封胶、建筑防水砂浆、压浆堵漏等施工质量缺陷。

（2）能够根据生产环境，提出安全生产建议，并处理一般安全事故。

（3）会编制新设备使用制度。

（4）会按新材料、新设备、新技术特点编制施工方案。

（5）会编制高聚物改性沥青防水涂料、合成高分子防水涂料、高聚物改性沥青防水卷材、合成高分子防水卷材、建筑防水密封胶、建筑防水砂浆、压浆堵漏等施工方案。

1.1.5　一级防水工

1．理论知识

（1）掌握常用防水涂料、防水卷材、嵌缝材料、防水砂浆、压浆堵漏材料等施工通病防治知识。

（2）掌握有关安全法规及突发安全事故的处理程序。

（3）熟悉常用防水涂料、防水卷材、防水嵌缝胶、防水砂浆、压浆堵漏剂等施工难点和适用性知识。

（4）熟悉技术管理基础知识。

（5）了解防水设计基础知识。

2. 操作技能

（1）能够进行现场指导和解决压浆堵漏难题。

（2）能够针对高聚物改性沥青防水涂料、合成高分子防水涂料、高聚物改性沥青防水卷材、合成高分子防水卷材等施工质量通病编制技术防范措施。

（3）能够设计建筑防水砂浆等配合比。

（4）能够选择合适防水新设备。

（5）能够编制防水新材料质量缺陷修复技术方案和防水新技术运用规则。

（6）能够编制突发安全事故处理的预案，并熟练进行现场处置。

1.2　房屋建筑的主要构造

房屋建筑的主要构造包括基础、主体结构、装饰装修（地面、门窗、抹灰、饰面板、涂饰等）、建筑屋面、建筑给水排水及采暖、建筑电气、智能建筑、通风与空调、电梯等分部，如图1-1所示。在这些构造中与防水密切相关的是基础、主体结构的墙、装饰装修的地面、门窗和建筑屋面工程。

1. 基础

基础位于主体结构的下端，直接与主体结构相连接，于地基之上，一般处于地下。基础的作用是承受建筑物的全部荷载，并均匀地传递给地基。基础的形式有：条形基础、独立基础、桩基础和平板式、筏式与箱式基础。基础由于所处位置和工作环境的关系，经常受到地下水、地表水的侵蚀，一般都要求进行防水设计，基础（地下工程）的变形缝、施工缝、诱导缝、后浇带、穿墙管、预埋件、预埋通道接头、桩头等细部构造，应加强防水措施。

2. 墙、柱

墙是主体结构的重要组成部分。墙有外墙、内墙之分。外墙是房屋建筑的围护结构，要有一定的坚固性，并能抵御和隔绝自然界风、雨、雪的侵袭，具有防盗、隔声、隔热、防寒的功能。内墙则是将建筑物分隔成具有不同功能的房间和走廊。墙分承重墙和非承重

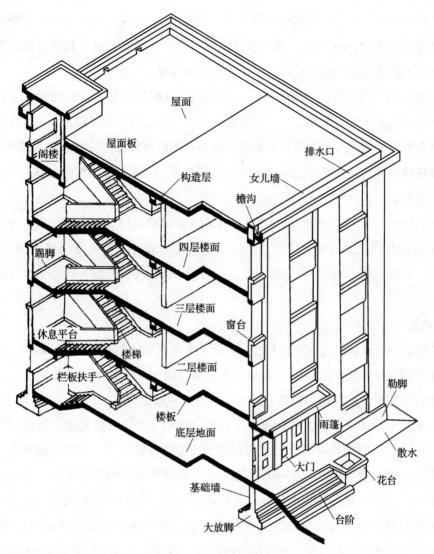

图1-1 房屋的组成

墙。承重墙将上部荷载传递给下部结构，非承重墙主要起围护作用和分隔作用。

墙体材料很多，目前应用的墙体材料主要有砖、石、混凝土小型空心砌块、加气混凝土砌块、轻质高强墙板、现浇钢筋混凝土、压型金属保温墙板等。

柱是框架结构建筑中的承重构件，常用普通黏土砖、钢筋混凝土和型钢制成。

3. 变形缝

变形缝为伸缩缝、沉降缝、防震缝的总称。变形缝将建筑物分成几个相对独立的部分，使各部分能相对自由变形，而不致影响整个建筑物。

（1）伸缩缝。伸缩缝是为了防止因气候变化而引起建筑物的热胀冷缩，并可能造成损坏而人为设置的将建筑物主体结构断开的缝隙。伸缩缝在建筑物的基础部分不断开，其余上部结构全断开。变形缝的宽度一般为 20～30mm，在砖混结构中每 60m 设置一条，在现浇混凝土结构中每 50m 设置一道。墙缝或地面缝中填沥青油麻，并用金属或塑料板封盖；屋面上的伸缩缝做法将在屋面防水工程施工中详述。

（2）沉降缝。当建筑物的相邻部位高低不同，荷载相差较大或结构形式不同，以及两部位所处的地基承载力不同时，建筑物会产生不均匀沉降。为了防止相邻部位因沉降不均匀而造成建筑物断裂，必须设置沉降缝，使各自能自由沉降。沉降缝的基础部位也是断开的。沉降缝的宽度与地基情况和建筑物的高度有关，一般都比伸缩缝要宽。缝的处理与伸缩缝基本相同。

（3）防震缝。在设计烈度为 7 度以上的地区，当建筑物立面高差较大，各建筑部分结构刚度有较大的变化，或荷载相差悬殊时要设置防震缝。防震缝沿建筑物全高设置，基础可以不设防震缝。防震缝的宽度由设计计算确定。防震缝的处理与伸缩缝基本相同。

4. 地面

建筑地面包括建筑物底层地面和楼层地面，并包含室外散水、明沟、踏步、台阶、坡道等。建筑地面一般应由面层、结合层、找平层、隔离层（防水层、防潮层）、找平层、垫层或楼板、基土（底层地面垫层下的土层）等结构层组成。

有防水要求的楼面工程，在铺设找平层前，应对立管、套管和地漏与楼板节点之间进行密封处理。厕浴间和有防水要求的建筑地面应铺设隔离层，其楼面结构层应用现浇水泥混凝土或整块预制钢筋混凝土板，其混凝土强度等级不应小于 C20。地面结构层标高应结合房间内外标高差、坡度流向以及隔离层能裹住地漏等进行施工。面层铺设后不应出现倒坡泛水和地漏处渗漏。在水泥砂浆或混凝土找平层上铺涂防水材料隔离层时，找平层表面应洁净、干燥，并应涂刷基层处理剂。基层处理剂应采用与卷材性能配套的材料或采用类涂料的底子油。可以用沥青砂浆或沥青混凝土作找平层、隔离层和面层。当采用沥青砂浆或沥青混凝土作面层时，其配合比应由试验确定，面层的厚度应符合设计要求。

5. 屋面

屋面处于建筑物的顶部，主要作用是防止雨（雪）水、防止紫外线进入室内和对房间进行保温、隔热。屋面有坡屋面（坡度大于 10% 的屋面）和平屋面之分。屋面的构造主要由结构层、找平层、保温层、隔汽层、防水层、保护层、通风隔热层等组成，如图 1-2 所示。由于建筑的需要，屋面上常设有落水口、出气孔、烟囱、人孔、天窗，还有的在屋面上安装设备，或作为游泳池、运动场、停机坪等使用，所以屋面结构是比较复杂的，防水要求也是很高的。

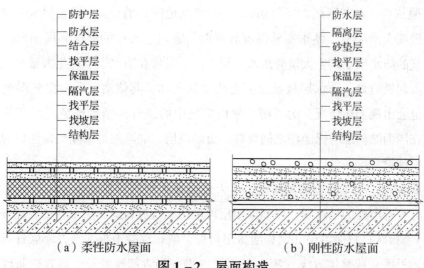

（a）柔性防水屋面	（b）刚性防水屋面
防护层	防水层
防水层	隔离层
结合层	砂垫层
找平层	找平层
保温层	保温层
隔汽层	隔汽层
找平层	找平层
找坡层	找坡层
结构层	结构层

图1-2 屋面构造

（1）结构层。它的作用是承受房屋上面各层的荷载，同时承受风荷载、雨雪荷载和活荷载等，并将各种荷载传到下面的结构上去。屋面结构层有木质和钢筋混凝土等结构形式，以钢筋混凝土屋面板应用最多。钢筋混凝土屋面板不论是现场浇筑式还是预制装配式，均应采取措施避免产生裂缝，成为屋面的一道防水层。

（2）找平层。找平层是为保证结构层或保温层上表面光滑、平整、密实并具有一定强度而设置的，其作用是为隔汽层、保温层或防水层的铺设提供良好的基层条件，排水坡度应符合设计要求。找平层可采用水泥砂浆、细石混凝土，厚度根据基层和保温层的不同在15～35mm之间选定。水泥砂浆找平层宜掺微膨胀剂。找平层应设分格缝，缝宽宜为20mm，缝内嵌填密封材料；分格缝应留设在板的支承处，其纵横缝的最大间距为：采用水泥砂浆或细石混凝土找平层时，不宜大于6m，如图1-3所示。

图1-3 屋面分格缝的面层处理

（3）隔汽层。在我国北方（例如纬度40°以北地区）的屋面一般都做成保温屋面。当室内空气湿度大于75%，冬季室外温度较低时，室内空气中的湿气和屋面材料中的水分将在不透气的防水层下产生大量凝结水；夏季高温时将在防水层下产生大量水蒸气，就会造成防水层起鼓裂缝，防水层极易疲劳老化受到破坏。其他地区室内空气湿度常年大于80%时，也会出现上述情况。为了防止室内空气中的湿气凝结水现象或水蒸气现象的产生，一般在屋面结构层与保温层之间设置一道隔汽层。隔汽层可采用气密性好的单层卷材或防水涂料铺设。

（4）保温层。为了防止热天高温、冷天低温侵入室内，在屋面上用热导率低的材料设置的具有一定厚度的结构层。屋面保温层可采用松散材料保温层（例如膨胀蛭石、膨胀珍珠岩等）、板状材料保温层（例如泡沫塑料板、微孔混凝土板、沥青膨胀蛭石板、沥青膨胀珍珠岩板等）或整体现浇（喷）保温层（例如沥青膨胀蛭石、沥青膨胀珍珠岩、硬质聚氨酯泡沫塑料）。保温层的厚度根据材料种类由设计计算决定。保温层应干燥，当保温层干燥有困难时，应采用排汽措施。

（5）防水层。防水层是屋面的重要组成部分，其作用是防止雨水、雪透过屋面进入建筑物内。坡屋面以构造防水为主，防水层防水为辅；平屋面以防水层防水为主；地下结构也以防水层防水为主。根据建筑物的类别、重要程度、使用功能要求不同，屋面防水分为两个等级，见表1-1所示。

表1-1 屋面防水等级和设防要求

防水等级	建筑类别	设防要求
I	重要建筑和高层建筑	两道防水设防
II	一般建筑	一道防水设防

常见的防水屋面有：卷材防水屋面、涂膜防水屋面、刚性防水屋面、瓦屋面（平瓦屋面、油毡瓦屋面、金属板材屋面）、隔热屋面（架空隔热屋面、蓄水屋面、种植屋面）。

（6）隔热层。隔热层可采用架空隔热板、蓄水隔热层、种植隔热层。架空隔热屋面宜在通风较好的建筑物上采用，不宜在寒冷地区采用；蓄水屋面不宜在寒冷地区、地震区和振动较大的建筑物上使用，蓄水屋面的坡度不宜大于0.5%；种植屋面应有1%～3%的坡度，架空隔热屋面的坡度不宜大于5%；蓄水屋面、种植屋面的防水层应选择耐腐蚀、耐穿刺性能好的材料。

6. 阳台与雨篷

阳台与雨篷都是挑出墙面的构造，是房屋构造的组成部分。阳台底面标高应低于室内地面标高，防止雨水进入室内。阳台设排水管和地漏，以便将进入阳台的雨水等排出。

7. 楼梯和门窗

（1）楼梯是供楼层间上下交通使用的，由楼梯踏步、栏杆与扶手、平台组成。

（2）门是供人们出入房间而设的，窗的主要作用是采光和通风，并有一定的装饰作用。

8. 天窗架与屋面板

（1）天窗架。在单层工业厂房中，为了满足天然采光和自然通风的要求，在屋顶上要设置天窗，如图 1 - 4 所示。常见的天窗有矩形天窗、锯齿形天窗和平天窗。天窗架是天窗的承重结构，它直接支承在屋架上。

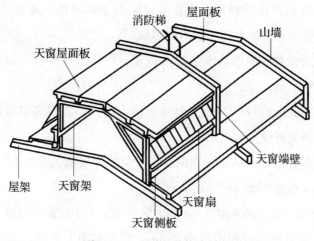

图 1 - 4　矩形天窗构造图

（2）屋面板。屋面板有多种形式，最常见的为大型钢筋混凝土屋面板，面积大，刚性好。

1.3　施工安全管理

1.3.1　施工设备及用电安全

（1）防水施工时，如要利用外脚手架时，应对外脚手架全面检查，符合要求后方可使用。如要利用脚手架做垂直攀登时，应直接通至屋面。如使用梯子登高或下坑，梯子应用坚固材料制成，一般应与固定对象牢固连接。若为移动式梯子，应有防滑措施，使用时应有专人监护，并不得提拎重物攀登梯子和脚手架。

（2）卷扬机应由专人操作，操作人员应有上岗证。

（3）井字架应有安全停靠装置、断绳保护装置、上极限位装置、紧急断电装置和信号装置。停靠处有防护栏杆，吊篮要有安全门，上料口应有防护棚。

（4）使用的机械和电气设备，应经检验合格方准使用。机械及电气设备应有专用的配电箱，箱内应有断路装置、漏电保护装置。机械设备应有安全接地，机械使用完毕应切断电源，锁好配电箱。

（5）工作场所如有电线通过，应切断电源后再进行防水施工。工作照明应使用36V安全电压。

1.3.2　卷材屋面防水施工安全管理

1. 沥青锅的设置

（1）沥青锅设置地点应选择便于操作和运输的平坦场地，并应处于工地的下风向，以防发生火灾和减少沥青油烟对施工环境的污染。

（2）沥青锅距建筑物和易燃物应在25m以上，距离电线在10m以上，周围严禁堆放易燃物品。

（3）沥青锅不得搭设在煤气管道及电缆管道上方，防止因高温引起煤气管道爆炸和电缆管道受损。如必须搭设应远离5m以外。

（4）沥青锅应制作坚固，防止四周漏缝，以免油火接触，发生火灾；并应设置烟囱，以便沥青的烟气能顺利地从烟囱内导出。

（5）沥青锅烧火口处，必须砌筑1m高的防火墙，锅边应高出地面30cm以上。

（6）相邻两个沥青锅的间距不得小于3m，沥青锅的上方宜设置可升降的局部吸烟罩。

2. 熬制沥青

（1）熬制沥青时，投放锅内的沥青数量应不超过全部容积的2/3，熬制沥青的人员应由有经验的工人专人负责，并应严守岗位，防止溢锅发生火灾。

（2）沥青如含水过多，需降低熬制温度，否则极易产生溢锅而发生火灾。加热温度要严格控制，经常测试，不要超过沥青的闪火点。

（3）沥青熬至熔化温度后，即可用笊篱打捞杂质和悬浮物。此时应首先撤除灶内火源，并将沥青降低到规定的温度以下，以免打捞杂质时，使锅底的高温油料迅速上升，与空气接触而引起火灾。

（4）当天熬制的沥青最好当天用完。每天用不完的沥青油料，需用盖子盖严，防止雨水尘土侵入，避免次日熬油时发生溢锅。

（5）调制冷底子油时，应严格控制沥青的配置温度，防止加入溶剂时发生火灾。同时调制地点应远离明火10m以外，操作人员不得吸烟。

（6）用机械涂刷冷底子油时，周围无关人员应尽量避开，以免冷底子油散落在脸或手上。

（7）预热桶装沥青或煤焦油时，应将桶上的盖子打开，盖孔朝上或侧放，让气体由盖孔导出，以免爆炸。如满装的油桶侧放加热时，应将出油口处放低一点，并从出油口处，由前向后慢慢加热；当预热不满的油桶时，应特别注意火力要均匀，出油口要畅通，并要顺风向操作。

（8）用铁锹疏通出油口时，人应站在油桶的侧面，严禁站在桶口的正前方，尤其是人的头部，不应该对着桶口操作。

（9）下班后应留有专人负责看火，如不连续作业时，应待灶内炉火完全熄灭后才能离开；如用鼓风机，应关断电源，开关应加盖上锁。

（10）在锅内熬制沥青麻布时，投放麻布的工人脸部不要对着油锅，以免沥青溅出烫伤。

3. 沥青起火处理

（1）锅灶附近应备有防火设备，如铁锅盖、灭火机、干砂、铁锹、铁板等。

（2）如发现沥青锅内着火，切不可惊慌，此时应立即用铁锅盖盖住锅灶，切断电源，停止鼓风，封闭炉门，熄灭炉火，并迅速有序地离开起火地点，以免爆炸。如沥青外溢到地面起火，可用干砂压住，或用泡沫灭火机灭火。绝对禁止在已着火的沥青上浇水，否则更助长沥青的燃烧。

4. 防止沥青中毒

由于各种沥青中均含有一定的有刺激性的毒性物质（如少量的蒽、萘和酚等），这些物质容易挥发、结晶，形成粉末在空中飞扬，当接触到皮肤及眼膜，会引起皮肤炎、角膜炎、头昏、流泪、呕吐等中毒现象，在太阳光下操作更易发生上述情况。有些人对沥青敏感性大，则感受更快。在施工中必须遵守以下几点：

（1）对于患眼病、喉病、结核病、皮肤病及对沥青刺激有过敏的人，不要分配从事装卸、搬运、熬制沥青及铺贴油毡等工作。

（2）凡从事沥青操作的工人，不可用手直接接触油料，并应按劳保规定发给工人工作服、手套、口罩、胶鞋、围裙、布帽等。如遇刮风天气，应站在上风方向操作。

（3）熬制沥青的作业场所，应搭设四周通风的防雨凉棚；在沥青锅灶的上口及烟囱出口的根部，尚需加盖铁板或石棉瓦，以免发生火灾。

（4）工人在操作中，如感觉头痛或恶心现象，应立即停止工作，并到通风凉爽的地方休息，或请医生治疗。

（5）工地应设保健站，配备防护药膏（或药水）、急救药品以及治疗烧伤和防暑药品等。对长期从事投放沥青或熬油的工人，可用特制的防毒药膏（药水）涂擦手和脸部。

防止沥青中毒的药膏及药水，其配方见表 1 – 2。

表 1 – 2　防止沥青中毒的药膏及药水配方

药品	配　　方
药膏	用氧化亚铁、滑石粉、甘油以相等的分量与 3% 的脂肪配成
药水	用等量的白黏土、滑石粉、淀粉、甘油和水一起配成

当施工人员被沥青烫伤时，应立即将粘在皮肤上的沥青用酒精、松节油或煤油擦洗干净，再用高锰酸钾溶液或硼酸水刷洗伤处，并请医务人员及时治疗。

（6）工地上应保证茶水供应，特别在夏季，应备有清凉饮料并采取适当的防暑降温措施。

（7）工地应有洗澡设施。夏季劳动时间要合理安排，并根据天气情况，适当考虑缩短作业时间。

5. 施工过程中的安全管理

（1）所有参加沥青熬制及使用的人员必须穿戴工作服和手套，脚上应加帆布护盖。

（2）运送沥青玛琋脂时，只能用加盖的桶或专用车，不能用手提；肩挑或抬运时，应将绳索固定在扁担上。

（3）熬制沥青时应站在上风口操作，倒油时，防止溅出伤人。

（4）用桶装运玛琋脂，每次不能超过桶高的 3/4。

（5）运输道路应设有防滑措施（在冬季应有防冻措施），事先要清除障碍物。道路上如有撒落物、粉末等，应及时清扫。

（6）垂直运输的上料平台，要设有防护栏杆。

（7）在屋面上工作，油桶、油壶要放在能够移动的、按屋面坡度制成的水平木架上，不能放在斜坡或屋脊等不稳的地方。

（8）加热用的工具如炉子、烙铁等，不使用时应集中堆放，以免烫伤。

（9）在屋面或其他基层上涂刷冷底子油时，不准在 30m 以内进行电焊、气焊等工作，操作人员严禁吸烟。

（10）在高空作业时，如较陡坡的屋面应设坚固的栏杆；在坡度较小的屋面上作业，可设临时性的带挡板的栏杆；当在屋面坡度超过 30% 的斜面上施工时，必须在坚固的梯子上操作。在接近檐口的地方，不论坡度大小、高度如何，应一律使用安全带。同时严禁在同一平面上进行立体交叉作业。

（11）用滑车运送玛琋脂时，不能猛拉猛干，要升降均匀和注意拖绳及挂钩牢靠。向上拉油的工人，应戴安全帽，并远离油桶的垂直下方。在屋面上拉油的工人，应使用1m长的搭钩，严禁用手拉桶，以防摇晃不定造成安全事故。

（12）屋面铺贴油毡时，推毡和浇油的工人距离不得小于20cm，避免推油毡过猛或过快而浇在手上烫伤。

（13）热压焊机应设专人操作与保养。

（14）施工时不准穿带钉子鞋进入现场。

（15）热压焊机工作时，严禁用手触摸焊嘴，以免烫伤。

（16）热压焊机停机后，不准在地面上拖拉，不准存放在潮湿地方，要轻拿轻放。

（17）热压焊机用完后，要及时关掉总闸。

除了要遵守沥青防水卷材热法操作工艺有关要求外，还应特别注意的有以下几点：

（1）热熔施工容易着火，必须注意安全。施工现场不得有其他明火作业，遇屋面有易燃设备（如玻璃钢冷却塔）时，应采取隔离防护措施，以免引起火灾。

（2）火焰喷枪或汽油喷灯应由专人保管和操作，点燃的火焰喷枪（或喷灯口）不准对着人员或堆放卷材处，以免烫伤或着火。

（3）喷枪使用前，应先检查液化气钢瓶开关及喷枪开关等各个环节的气密性，确认完好无损后才可点燃喷枪。喷枪点火时，喷枪开关不能旋到最大状态，应在点燃后再缓缓调节。

（4）注意喷枪火焰与卷材的距离、加热时间和移动速度，以免卷材过热而变质。

（5）在地下室或其他不通风环境下进行热熔施工时，应有通风设施；施工人员应缩短作业时间。

（6）热熔施工的卷材防水层，在施工后不要立即上人。

（7）向喷灯内加汽油时，避免过多或溢油。

（8）竣工后的卷材防水层不要堆积钝器或其他建筑材料。

6. 合成高分子防水卷材施工管理

结合合成高分子防水卷材的特点，应特别注意以下几点：

（1）卷材的配套材料、辅助材料必须选择与卷材性质相同的产品，否则应做铺贴工艺试验。

（2）各种高分子防水卷材、配套材料及辅助材料进入施工现场后，应存放在远离火源和通风干燥的室内。基层处理剂、胶粘剂和着色剂等均属易燃物质，存放这些材料的仓库和施工现场必须严禁烟火，同时要配备消防器材。

（3）防水基层必须做到坚固、平整、干净、干燥，如达不到上述要求，不得进行卷材的铺贴。

（4）受高跨檐口排水冲刷或雨水集中排放的卷材，应增设预制板作抗冲击层。

（5）胶粘剂应在0℃以上的环境温度中密封存放。

7. 自粘型防水卷材施工管理

结合自粘型防水卷材的特点，应特别注意以下几点：

（1）自粘型防水卷材在储存中要注意防潮、防热、防压、防火，并应堆放在温度低于35℃且通风干燥的室内，卷材叠放层数不得超过5层。

（2）自粘型防水卷材施工温度以5℃以上为宜，温度过低不易黏结。雨天、风沙天、负温下均不得施工。气温在15℃以上的晴天铺贴卷材最为有利。

（3）注意卷材存放期限，严防卷材胶粘层失效，黏结力降低。

1.3.3　刚性屋面防水施工安全管理

（1）操作人员应定期进行体检。凡患有高血压、心脏病、癫痫病和精神失常等病症的人员不得进行屋面防水作业。

（2）檐口周围脚手架应高出屋面1m，架子上的脚手板要满铺，四周要用安全网封闭并设置护身栏杆。

（3）展开圆盘钢筋时，两端要卡牢，防止回弹伤人。拉直钢筋时，地锚要牢固，卡头要卡紧，并在2m内严禁行人经过。

（4）搅拌机应安装在坚实平坦的位置，用方木垫起前后轮轴，将轮胎架空。开机前应检查离合器、制动器、钢丝绳等是否完好。电动机应设有开关箱，并应装漏电保护器。

（5）搅拌停机不用或下班后，应拉闸断电，锁好开关箱，将滚筒清洗干净。检修时，应固定好料斗，切断电源，进入滚筒时，外面应有人监护。

（6）使用井架垂直运输时，手推车车把不得伸出笼外，车轮前后要挡牢，并做到稳起稳落。

（7）振动器操作人员应穿胶鞋和戴绝缘手套，湿手不得接触开关，振动设备应设有开关箱，并装有漏电保护器，电源线不得有破损。

（8）不得从屋面上往下乱扔东西。操作用具应搁置稳当，以防下坠伤人。

（9）操作人员必须遵守操作规程，听从指挥，消除隐患，防止事故发生。

1.3.4　涂膜屋面防水施工安全管理

（1）对施工操作人员进行安全技术教育，使施工人员对所使用的防水涂料的性能及所采取的安全技术措施有较全面的了解，并在操作中严格执行劳动保护制度。

（2）热塑涂料加热时，应有专人看管，涂料塑化后入桶，运输和作业过程中必须小心，以防烫伤。

（3）涂刷有害身体的涂料时，须戴防毒口罩、密闭式防护眼镜和橡皮手套，并尽量采用涂刷或涂刮法，少用喷涂，以减少飞沫及气体吸入体内。操作时应尽量站在上风口。

（4）采用喷涂施工时，应严格按照操作程序施工，严格控制空压机风压，喷嘴不准对人。随时注意喷嘴畅通，要警惕塞嘴爆管，造成安全事故。

（5）手或外露的皮肤可事先涂抹保护性糊剂。糊剂的配合成分为：滑石粉22.1%、淀粉4.1%、植物油或动物油9.4%、明胶1.9%、甘油1.4%、硼酸1.9%、水59.2%。涂抹前，先将手洗干净，然后用糊剂涂抹在外露的皮肤和手上。

（6）改善现场操作环境。有毒性或污染较严重的涂料尽量采用滚涂或刷涂，少用喷涂，以减少涂料飞沫及气体吸入体内。施工时，操作人员应尽量站在上风处。

（7）当皮肤粘上涂料时，可用煤油、肥皂、洗衣粉等洗涤，应避免用有害溶剂洗涤；加强自然通风和局部通风，要求工人饭前洗手、下班淋浴，并应掌握防护知识，加强个人健康卫生防护。

（8）涂料储存库房与建筑物必须保持一定的安全距离，并要有严格的制度，由专人进行管理。涂料储存库房严禁烟火并有明显的警示标志，配备足够的消防器材。

（9）在掺入稀释剂、催干剂时，应禁止烟火，以避免引起燃烧。

（10）喷涂现场的照明灯应加玻璃罩保护，以防漆雾污染灯泡而引起爆炸。

（11）施工完毕，未用完的涂料和稀释剂应及时清理入库。

1.3.5　瓦材屋面防水施工安全管理

（1）有严重心脏病、高血压、神经衰弱症及贫血症等的人员，不适于高处作业，不能进行屋面工程施工作业，同时还应根据实际情况制定安全措施。施工前应先检查防护栏杆或安全网是否牢固。

（2）上屋面作业前，应检查井架、脚手架等有关安全设施，如栏杆、安全网、通道等是否牢固、完好。检查合格后，才能进行高空作业。

（3）当用屋架做承重结构时，运瓦上屋面堆摆及铺设要两坡同时进行，严禁单坡作业。

（4）在坡度大于25°的屋面施工时，必须使用移动式的板梯挂瓦，板梯应设有牢固的挂钩。

（5）运瓦和挂瓦应在两坡同时进行，以免屋架两边荷载相差过大发生扭曲。

（6）屋面无望板时，应铺设通道，严禁在桁条、瓦条上行走。

（7）屋面上若有霜雪时，要及时清扫，并应有可靠的防滑措施。

（8）上屋面时，不得穿硬底及易滑的鞋，且应随时注意脚下挂瓦条、望砖、椽条等，以防跌倒。

（9）铺平瓦时，操作人员要踩在椽条或檩条上，不要踩在挂瓦条中间。在平瓦屋面上行走，要踩踏在瓦头处，不能在瓦片中间部位踩踏。

（10）铺波瓦时，由于波瓦面积大、檩距大，特别是石棉波瓦薄而脆，施工时必须搭设临时走道板，走道板宜长一些，架设和移动时必须特别注意安全。在波瓦上行走时，应踩踏在钉位或檩条上边，不应在两檩之间的瓦面上行走；严禁在瓦面上跳动、蹬踢及随意敲打等。

（11）铺薄钢板时，薄钢板应顺坡堆放，每垛不得超过三张，并用绳子与檩条临时捆牢，禁止将材料放置在不固定的横椽上，以免滚下或被大风吹落，发生事故。

（12）碎瓦杂物集中往下运，不准随便往下乱扔。

2 防 水 材 料

2.1 防水材料的特点及选用要求

2.1.1 防水材料的性能与特点

防水材料的性能与特点见表 2-1。

表 2-1 防水材料的性能与特点

性能指标	合成高分子卷材 不加筋	合成高分子卷材 加筋	高聚物改性沥青卷材	沥青卷材	合成高分子涂料	高聚物改性沥青涂料	沥青基涂料	防水混凝土	防水砂浆
抗拉强度	○	○	△	×	△	△	×	×	×
延伸性	○	△	△	×	○	△	×	×	×
匀质性（厚薄）	○	○	○	△	×	×	×	×	△
搭接性	○△	○△	△	△	○	○	○	—	△
基层黏接性	△	△	△	△	○	○	○	—	—
背衬效应	△	△	△	△	△	△	△	—	—
耐低温性	○	○	△	×	○	△	×	○	○
耐热性	○	○	△	×	○	△	×	○	○
耐穿刺性	△	×	△	×	×	×	△	○	○
耐老化性	○	○	△	×	○	△	×	○	○
施工性	○	○	○	冷△ 热×	×	×	×	△	△
施工气候影响程度	△	△	△	×	×	×	×	○	○
基层含水率要求	△	△	△	△	×	×	×	○	○
质量保证率	○	○	△	△	○	△	×	○	○
复杂基层适应性	△	△	△	×	○	○	○	×	△
环境及人身污染	○	○	△	×	△	×	×	○	○
荷载增加程度	○	○	○	△	△	△	○	×	×
价格	高	高	中	低	高	高	中	低	低
储运	○	○	○	△	×	△	×	○	○

注：○——好；△——一般；×——差。

2.1.2 防水材料的适用范围

防水材料适用范围参考表见表2–2。

表2–2 防水材料适用范围参考表

材料适用情况	材 料 类 别						
	合成高分子卷材	高聚物改性沥青卷材	沥青基卷材	合成高分子涂料	高聚物改性沥青涂材	细石混凝土防水	水泥砂浆防水
特别重要建筑屋面	○	⊙	×	⊙	×	⊙	×
重要及高层建筑屋面	○	○	×	○	×	⊙	×
一般建筑屋面	△	○	△	△	※	○	※
有振动车间屋面	○	△	×	△	×	※	×
恒温恒湿屋面	○	△	×	△	×	△	△
蓄水种植屋面	△	△	×	⊙	⊙	△	△
大跨度结构建筑	○	△	※	※	※	×	×
动水压作用混凝土地下室	○	△	×	△	△	△	△
静水压作用混凝土地下室	△	○	※	○	△	○	○
静水压砖墙体地下室	○	○	×	△	×	△	○
卫生间	※	※	×	○	○	⊙	○
水池内防水	※	×	×	×	×	○	○
外墙面防水	×	×	×	○	×	△	○
水池外防水	△	△	△	○	○	⊙	○

注：○——优先使用；⊙——复合使用；※——有条件使用；△——可以采用；×——不宜采用或不可采用。

2.1.3 屋面防水材料选用要求

（1）屋面工程所使用的防水材料在下列情况下应具有相容性：

1）卷材或涂料与基层处理剂。

2）卷材与胶粘剂或胶粘带。

3）卷材与卷材复合使用。

4）卷材与涂料复合使用。

5）密封材料与接缝基材。

（2）防水材料的选择应符合下列规定：

1）外露使用的防水层，应选用耐紫外线、耐老化、耐候性好的防水材料。

2）上人屋面，应选用耐霉变、拉伸强度高的防水材料。

3）长期处于潮湿环境的屋面，应选用耐腐蚀、耐霉变、耐穿刺、耐长期水浸等性能的防水材料。

4）薄壳、装配式结构、钢结构及大跨度建筑屋面，应选用耐候性好、适应变形能力强的防水材料。

5）倒置式屋面应选用适应变形能力强、接缝密封保证率高的防水材料。

6）坡屋面应选用与基层黏结力强、感温性小的防水材料。

7）屋面接缝密封防水，应选用与基材黏结力强和耐候性好、适应位移能力强的密封材料。

8）基层处理剂、胶粘剂和涂料，应符合现行行业标准《建筑防水涂料有害物质限量》JC 1066—2008 的有关规定。

2.1.4　地下防水材料选用要求

1. 满足基层适应性

防水层基层普遍存在可渗水的毛细孔、洞、裂缝，同时在使用过程中还有新裂缝产生并逐渐变大。因此，在选择的防水层时，首先要解决对基面的封闭，封闭毛细孔、洞和裂缝。这就要求防水层能堵塞毛细孔、洞和细裂缝，与基面黏结要牢固，杜绝水在防水层底面窜流，同时还应适应基层新裂缝产生和动态变化。另外，因为基面的不平整、多变化的形状，防水材料要与之相适应。

2. 满足温度适应性

防水层的工作环境温度与建筑物地区有关，屋面工程中倒置式的防水层温度处于正温度，地下工程在冻土层以下是负温度，冻土层以上如有保温层，也应处于正温度，室内工程与地区关系不大，而外墙防水层则完全处于地区大气温度作用下。一般情况下，当防水层温度高于30℃时会加速柔性防水材料老化，增加收缩，低温时超过防水材料的柔性指标则导致柔性防水材料变脆，失去延伸变形的性能，此时结构收缩变形加大，极易将防水层拉断。因此，防水层所处工作环境最低温度对选择防水材料低温柔性相适应起到决定作用，防水材料在低温时还应具有一定的变形能力，一定的延伸率和韧性，否则防水层就会受到破坏。

3. 满足耐久性

防水材料耐久性是防水层质量最主要性能，没有耐久性就没有使用价值，在很短时间内就会失效，要修理或返修重作，这应该是非常严重的质量事故。所以在满足耐用年限内防水层的材料经组合要能抵御自然因素的老化和损害，满足人们正常使用功能的要求，否则防水层的质量将不能保证。

4. 满足施工性

防水材料的施工性包括：施工工艺的可靠性和对施工环境的适应性。选用的材料应便于施工，工艺简便可行，机具先进可靠，对施工环境条件适应性宽，对施工条件要求不严格，便于论证施工质量。

5. 满足互补相容性

每种防水材料都存在优、缺点，这是事物的普遍规律。所以，要满足各个方面的功能要求，就应当选择性能互补的材料，各自发挥自己的优点，弥补另一个材料的缺点，以保证防水层的功能。采用互补选材的方法比选择单一材料要合理，所以选用的防水材料，在性能上应是互补的，如刚柔结合、涂卷结合、弹塑性结合等。相邻的防水材料应是相容的，在结合上相容，具有良好的结合性能，互不妨碍；在材性上相容，不可互相侵害。

6. 满足环保性

环保性日益得到重视，对环境有污染，对人身（包括对施工人员）有害的防水材料不能选用，尤其是无保护措施情况下更是不可选用的。

7. 就地取材和经济性

选用材料应就地取材，就地取材本身就会体现经济性，经济性要讲性价比，要讲实用，考虑当前经济条件，选用适应该建筑经济条件的材料，讲求综合经济效益，不能只考虑初始价格因素。

2.2 防水卷材

2.2.1 塑性体改性沥青防水卷材

塑性体改性沥青防水卷材是以聚酯毡或玻纤毡为胎基、无规聚丙烯（APP）或聚烯烃类聚合物（APAO、APO）作改性剂，两面覆以隔离材料所制成的建筑防水卷材（统称APP卷材）。

1. 分类

（1）按胎基分为聚酯胎（PY）、玻纤胎（G）、玻纤增强聚酯毡（PYG）三类。

（2）按上表面隔离材料分为聚乙烯膜（PE）、细砂（S）、矿物粒料（M）。下表面隔离材料为细砂（S）、聚乙烯膜（PE）。

注：细砂为粒径不超过0.60mm的矿物颗粒。

（3）按材料性能分为Ⅰ型和Ⅱ型。

2. 规格

卷材公称宽度为1000mm。

聚酯毡卷材公称厚度为3mm、4mm、5mm。

玻纤毡卷材公称厚度为3mm、4mm。

玻纤增强聚酯毡卷材公称厚度为5mm。

每卷卷材公称面积为7.5m²、10m²、15m²。

3. 标记

产品按名称、型号、胎基、上表面材料、下表面材料、厚度、面积和本标准编号顺序标记。

4. 用途

（1）塑性体改性沥青防水卷材适用于工业与民用建筑的屋面和地下防水工程。

（2）玻纤增强聚酯毡卷材可用于机械固定单层防水，但需通过抗风荷载试验。

（3）玻纤毡卷材适用于多层防水中的底层防水。

（4）外露使用应采用上表面隔离材料为不透明的矿物粒料的防水卷材。

（5）地下工程防水应采用表面隔离材料为细砂的防水卷材。

5. 要求

（1）APP卷材单位面积质量、面积及厚度应符合表2-3的规定。

表 2 – 3 APP 卷材单位面积质量、面积及厚度

规格（公称厚度）(mm)		3			4			5		
上表面材料		PE	S	M	PE	S	M	PE	S	M
下表面材料		PE	PE、S		PE	PE、S		PE	PE、S	
面积（m²/卷）	公称面积	10、15			10、7.5			7.5		
	偏差	±0.10			±0.10			±0.10		
单位面积质量（kg/m²）		≥3.3	≥3.5	≥4.0	≥4.3	≥4.5	≥5.0	≥5.3	≥5.5	≥6.0
厚度（mm）	平均值	≥3.0			≥4.0			≥5.0		
	最小单值	2.7			3.7			4.7		

（2）外观：

1）成卷卷材应卷紧卷齐，端面里进外出不得超过 10mm。

2）成卷卷材在 4~60℃ 任一产品温度下展开，在距卷芯为 1000mm。长度外不应有 10mm 以上的裂纹或黏结。

3）胎基应浸透，不应有未被浸渍的条纹。

4）卷材表面必须平整，不允许有孔洞、缺边和裂口、疙瘩，矿物粒料粒度应均匀一致，并紧密地黏附于卷材表面。

5）每卷接头处不应超过 1 个，较短的一段长度不应少于 1000mm，接头应剪切整齐，并加长 150mm。

（3）APP 卷材材料性能应符合表 2 – 4 规定。

表 2 – 4 APP 卷材材料性能

序号	项 目		指 标				
			I		II		
			PY	G	PY	G	PYG
1	可溶物含量（g/m²）	3mm	≥2100				—
		4mm	≥2900				—
		5mm	≥3500				
		试验现象	—	胎基不燃	—	胎基不燃	—
2	耐热性	℃	110		130		
		mm	≤2				
		试验现象	无流淌、滴落				
3	低温柔性（℃）		−7		−15		
			无裂缝				

续表 2-4

序号	项 目		指 标				
			I		II		
			PY	G	PY	G	PYG
4	不透水性 30min		0.3MPa	0.2MPa	0.3MPa		
5	拉力	最大峰拉力（N/50mm）	≥500	≥350	≥800	≥500	≥900
		次高峰拉力（N/50mm）	—	—	—	—	≥800
		试验现象	拉伸过程中，试件中部无沥青涂盖层开裂或与胎基分离现象				
6	延伸率	最大峰时延伸率（%）	≥25	—	≥40	—	—
		第二峰时延伸率（%）	—		—		≥15
7	浸水后质量增加（%）	PE、S	≤1.0				
		M	≤2.0				
8	热老化	拉力保持率（%）	≥90				
		延伸率保持率（%）	≥80				
		低温柔性（℃）	-2		-10		
			无裂缝				
		尺寸变化率（%）	≤0.7	—	≤0.7	—	≤0.3
		质量损失（%）	≤1.0				
9	接缝剥离强度（N/mm）		≥1.0				
10	钉杆撕裂强度①（N）		—				≥300
11	矿物粒料粘附性②（g）		≤2.0				
12	卷材下表面沥青涂盖层厚度③（mm）		≥1.0				
13	人工气候加速老化	外观	无滑动、流淌、滴落				
		拉力保持率（%）	≥80				
		低温柔性（℃）	-2		-10		
			无裂缝				

注：①仅适用于单层机械固定施工方式卷材。
②仅适用于矿物粒料表面的卷材。
③仅适用于热熔施工的卷材。

6．标志、包装、贮存与运输

（1）标志。

1）生产厂名、地址。

2）商标。

3）产品标记。

4）能否热熔施工。

5）生产日期或批号。

6）检验合格标识。

7）生产许可证号及其标志。

（2）包装。卷材可用纸包装、塑胶袋包装、盒包装或塑料袋包装。纸包装时应以全柱面包装，柱面两端未包装长度总计不超过100mm。产品应在包装或产品说明书中注明贮存与运输注意事项。

（3）贮存与运输。

1）贮存与运输时，不同类型、规格的产品应分别存放，不应混杂。避免日晒雨淋，注意通风。贮存湿度不应高于50℃，立放贮存只能单层，运输过程中立放不超过两层。

2）运输时防止倾斜或横压，必要时加盖苦布。

3）在正常贮存、运输条件下，贮存期自生产日起为1年。

2.2.2　弹性体改性沥青防水卷材

弹性体改性沥青防水卷材是聚酯毡或玻纤毡为胎基、苯乙烯-丁二烯-苯乙烯（SBS）热塑性弹性体作改性剂，两面覆以隔离材料所制成的建筑防水卷材（简称"SBS卷材"）。

1．分类

（1）按胎基分为聚酯胎（PY）、玻纤胎（G）、玻纤增强聚酯毡（PYG）三类。

（2）按上表面隔离材料分为聚乙烯膜（PE）、细砂（S）、矿物粒料（M）。下表面隔离材料为细砂（S）、聚乙烯膜（PE）。

注：细砂为粒径不超过0.60mm的矿物颗粒。

（3）按材料性能分为Ⅰ型和Ⅱ型。

2．规格

（1）卷材公称宽度为1000mm。

（2）聚酯毡卷材公称厚度为3mm、4mm、5mm。

（3）玻纤毡卷材公称厚度为3mm、4mm。

（4）玻纤增强聚酯毡卷材公称厚度为5mm。

（5）每卷卷材公称面积为7.5m²、10m²、15m²。

3．标记

产品按名称、型号、胎基、上表面材料、下表面材料、厚度、面积和本标准编号顺序标记。

4. 用途

（1）弹性体改性沥青防水卷材主要适用于工业与民用建筑的屋面和地下防水工程。

（2）玻纤增强聚酯毡卷材可用于机械固定单层防水，但需通过抗风荷载试验。

（3）玻纤毡卷材适用于多层防水中的底层防水。

（4）外露使用采用上表面隔离材料为不透明的矿物粒料的防水卷材。

（5）地下工程防水应采用表面隔离材料为细砂的防水卷材。

5. 要求

（1）SBS卷材单位面积质量、面积及厚度应符合表2-5的规定。

表2-5　SBS卷材单位面积质量、面积及厚度

规格（公称厚度）（mm）		3			4			5		
上表面材料		PE	S	M	PE	S	M	PE	S	M
下表面材料		PE	PE、S		PE	PE、S		PE	PE、S	
面积（m²/卷）	公称面积	10、15			10、7.5			7.5		
	偏差	±0.10			±0.10			±0.10		
单位面积质量（kg/m²）		3.3	3.5	4.0	4.3	4.5	5.0	5.3	5.5	6.0
厚度（mm）	平均值	≥3.0			≥4.0			≥5.0		
	最小单值	2.7			3.7			4.7		

（2）外观：

1）成卷卷材应卷紧卷齐，端面里进外出不得超过10mm。

2）成卷卷材在4~50℃任一产品温度下展开，在距卷芯1000mm。长度外不应有10mm以上的裂纹或黏结。

3）胎基应浸透，不应有未被浸渍的条纹。

4）卷材表面必须平整，不允许有孔洞、缺边和裂口、疙瘩，矿物粒料粒度应均匀一致并紧密地黏附于卷材表面。

5）每卷接头处不应超过1个，较短的一段长度不应少于1000mm，接头应剪切整齐，并加长150mm。

（3）SBS卷材材料性能应符合表2-6规定。

表2-6　SBS卷材材料性能

序号	项目		指标				
			I		II		
			PY	G	PY	G	PYG
1	可溶物含量（g/m²）	3mm	≥2100				—
		4mm	≥2900				—
		5mm	≥3500				—
		试验现象	—	胎基不燃	—	胎基不燃	—

续表 2－6

序号	项 目		指 标				
			I		II		
			PY	G	PY	G	PYG
2	耐热性	℃	90		105		
		mm	≤2				
		试验现象	无流淌、滴落				
3	低温柔性（℃）		−20		−25		
			无裂缝				
4	不透水性 30min		0.3MPa	0.2MPa	0.3MPa		
5	拉力	最大峰拉力（N/50mm）	≥500	≥350	≥800	≥500	≥900
		次高峰拉力（N/50mm）	—	—	—	—	≥800
		试验现象	拉伸过程中，试件中部无沥青涂盖层开裂或与胎基分离现象				
6	延伸率	最大峰时延伸率（%）	≥30	—	≥40		—
		第二峰时延伸率（%）	—		—		≥15
7	浸水后质量增加（%）	PE、S	≤1.0				
		M	≤2.0				
8	热老化	拉力保持率（%）	≥90				
		延伸率保持率（%）	≥80				
		低温柔性（℃）	−15		−20		
			无裂缝				
		尺寸变化率（%）	≤0.7	—	≤0.7	—	≤0.3
		质量损失（%）	≤1.0				
9	渗油性	张数	≤2				
10	接缝剥离强度（N/mm）		≥1.0				
11	钉杆撕裂强度①（N）		—		≥300		
12	矿物粒料粘附性②（g）		≤2.0				
13	卷材下表面沥青涂盖层厚度③（mm）		≥1.0				
14	人工气候加速老化	外观	无滑动、流淌、滴落				
		拉力保持率（%）	≥80				
		低温柔性（℃）	−15		−20		
			无裂缝				

注：①仅适用于单层机械固定施工方式卷材。

②仅适用于矿物粒料表面的卷材。

③仅适用于热熔施工的卷材。

6. 标志、包装、贮存与运输

（1）标志。

1）生产厂名、地址。

2）商标。

3）产品标记。

4）能否热熔施工。

5）生产日期或批号。

6）检验合格标识。

7）生产许可证号及其标志。

（2）包装。卷材可用纸包装、塑胶袋包装、盒包装或塑料袋包装。纸包装时应以全柱面包装，柱面两端未包装长度总计不超过100mm。产品应在包装或产品说明书中注明贮存与运输注意事项。

（3）贮存与运输。

1）贮存与运输时，不同类型、规格的产品应分别堆放，不应混杂；避免日晒雨淋，注意通风；贮存环境温度不应高于50℃，立放贮存，高度不超过两层。

2）当用轮船或火车运输时，卷材必须立放，堆放高度不超过两层。防止倾斜或横压，必要时加盖苫布。

3）在正常贮存、运输条件下，贮存期自生产日起为1年。

2.2.3 聚氯乙烯防水卷材

聚氯乙烯防水卷材如图2-1所示。

图2-1 聚氯乙烯防水卷材

1. 分类和标记

（1）分类。按产品的组成分为均质卷材（代号H）、带纤维背衬卷材（代号L）、织物内增强卷材（代号P）、玻璃纤维内增强带纤维背衬卷材（代号GL）。

（2）规格。公称长度规格为15m、20m、25m；公称宽度规格为1.00m、2.00m；厚度规格为1.20mm、1.50mm、1.80mm、2.00mm；其他规格可由供需双方商定。

（3）标记。按产品名称（代号PVC卷材）、是否外露使用、类型、厚度、长度、宽度和标准号顺序标记。

2. 要求

（1）尺寸偏差。长度、宽度应不小于规格值的 99.5%；厚度不应小于 1.20mm，PVC 卷材厚度允许偏差和最小单值见表 2-7。

表 2-7　PVC 卷材厚度允许偏差和最小单值

厚　　度	允许偏差（%）	最小单值（mm）
1.20		1.05
1.50	-5，+10	1.35
1.80		1.65
2.00		1.85

（2）外观

1）卷材的接头不应多于一处，其中较短的一段长度不应小于 1.5m，接头应剪切整齐，并应加长 150mm。

2）卷材表面应平整、边缘整齐，无裂纹、孔洞、黏结、气泡和疤痕。

（3）PVC 卷材材料性能指标。材料性能指标应符合表 2-8 的规定。

表 2-8　PVC 卷材材料性能指标

序号	项　目		指　标				
			H	L	P	G	GL
1	中间胎基上面树脂层厚度（mm）		—		≥0.40		
2	拉伸性能	最大拉力（N/cm）	—	≥120	≥250	—	≥120
		拉伸强度（MPa）	≥10.0	—	—	≥10.0	—
		最大拉力时伸长率（%）	—		≥15		
		断裂伸长率（%）	≥200	≥150	—	≥200	≥100
3	热处理尺寸变化率（%）		≤2.0	≤1.0	≤0.5	≤0.1	≤0.1
4	低温弯折性		-25℃无裂纹				
5	不透水性		0.3MPa，2h 不透水				
6	抗冲击性能		0.5kg·m，不渗水				
7	抗静态荷载①		—		20kg 不渗水		
8	接缝剥离强度（N/mm）		≥4.0 或卷材破坏		≥3.0		
9	直角撕裂强度（N/mm）		≥50	—	—	≥50	—
10	梯形撕裂强度（N/mm）		—	≥150	≥250	—	≥220
11	吸水率（70℃，168h）（%）	浸水后	≤4.0				
		晾置后	≥ -0.40				

续表 2-8

序号	项 目		指标				
			H	L	P	G	GL
12	热老化（80℃）	时间（h）	672				
		外观	无起泡、裂纹、分层、黏结和孔洞				
		最大拉力保持率（%）	—	≥85	≥85	—	≥85
		拉伸强度保持率（%）	≥85	—	—	≥85	—
		最大拉力时伸长率保持率（%）	—		≥80		—
		断裂伸长率保持率（%）	≥80	≥80	—	≥80	≥80
		低温弯折性	-20℃无裂纹				
13	耐化学性	外观	无起泡、裂纹、分层、黏结和孔洞				
		最大拉力保持率（%）	—	≥85	≥85	—	≥85
		拉伸强度保持率（%）	≥85	—	—	≥85	—
		最大拉力时伸长率保持率（%）	—		≥80		—
		断裂伸长率保持率（%）	≥80	≥80	—	≥80	≥80
		低温弯折性	-20℃无裂纹				
14	人工气候加速老化[3]	时间（h）	1500[2]				
		外观	无起泡、裂纹、分层、黏结和孔洞				
		最大拉力保持率（%）	—	≥85	≥85	—	≥85
		拉伸强度保持率（%）	≥85	—	—	≥85	—
		最大拉力时伸长率保持率（%）	—		≥80		—
		断裂伸长率保持率（%）	≥80	≥80	—	≥80	≥80
		低温弯折性	-20℃无裂纹				

注：①抗静态荷载仅对用于压铺屋面的卷材要求。

②单层卷材屋面使用产品的人工气候加速老化时间为 2500h。

③非外露使用的卷材不要求测定人工气候加速老化。

（4）抗风揭能力。采用机械固定方法施工的单层屋面卷材，其抗风揭能力的模拟风压等级应不低于 4.3kPa（90psf）。

注：psf 为英制单位——磅每平方英尺，其与 SI 制的换算为 1psf = 0.0479kPa。

3. 标志、包装、贮存与运输

（1）标志。

1）卷材外包装上应包括：

①生产厂名、地址。

②商标。

③产品标记。

④生产日期或批号。

⑤生产许可证号及其标志。

⑥贮存与运输注意事项。

⑦检验合格标记。

⑧复合的纤维或织物种类。

2）外露使用、非外露使用和单层屋面使用的卷材及其包装应有明显的标识。

（2）包装。卷材用硬质芯卷取，宜用塑料袋或编织袋包装。

（3）贮存与运输。

1）贮存。

①卷材应存放在通风、防止日晒雨淋的场所，贮存温度不应高于45℃。

②不同类型、不同规格的卷材应分别堆放。

③卷材平放时堆放高度不应超过五层；立放时应单层堆放。禁止与酸、碱、油类及有机溶剂等接触。

④在正常贮存条件下，贮存期限至少为一年。

2）运输。运输时防止倾斜或横压，必要时加盖苫布。

2.2.4　氯化聚乙烯防水卷材

氯化聚乙烯防水卷材是以氯化聚乙烯树脂为主要原料，加入多种化学助剂，经混炼、挤出成型和硫化等工序加工制成的防水卷材，如图2-2所示。

1. 分类

产品按有无复合层分类，无复合层的为N类、用纤维单面复合的为L类、织物内增强的为W类。每类产品按理化性能分为Ⅰ型和Ⅱ型。

2. 规格

卷材长度规格为10m、15m、20m；厚度规格为1.2mm、1.5mm、2.0mm；其他长度、厚度规格可由供需双方商定，厚度规格不得低于1.2mm。

图2-2　氯化聚乙烯防水卷材

3. 卷材的外观要求

1）卷材的接头不多于一处，其中较短的一段长度不少于1.5m，接头应剪切整齐，并加长150mm。

2）卷材表面应平整、边缘整齐，无裂纹、孔洞和黏结，不应有明显气泡、疤痕。

4. 理化性能

N类无复合层的卷材理化性能应符合的规定见表2-9；L类纤维单面复合及W类织物内增强的卷材应符合的规定见表2-10。

表 2-9 N 类卷材理化性能

序号	项 目		Ⅰ 型	Ⅱ 型
1	拉伸强度（MPa）		≥5.0	≥8.0
2	断裂伸长率（%）		≥200	≥300
3	热处理尺寸变化率（%）		≤3.0	纵向≤2.5 横向≤1.5
4	低温弯折性		-20℃无裂纹	-25℃无裂纹
5	抗穿孔性		不渗水	
6	不透水性		不透水	
7	剪切状态下的黏合性（N/mm）		≥3.0 或卷材破坏	
8	热老化处理	外观	无起泡、裂纹、黏结和孔洞	
		拉伸强度变化率（%）	+50 -20	±20
		断裂伸长率变化率（%）	+50 -30	±20
		低温弯折性	-15℃无裂纹	-20℃无裂纹
9	耐化学侵蚀	拉伸强度变化率（%）	+50 -20	±20
		断裂伸长率变化率（%）	+50 -30	±20
		低温弯折性	-15℃无裂纹	-20℃无裂纹
10	人工气候加速老化	拉伸强度变化率（%）	+50 -20	±20
		断裂伸长率变化率（%）	+50 -30	±20
		低温弯折性	-15℃无裂纹	-20℃无裂纹

注：非外露使用可以不考核人工气候加速老化性能。

表 2-10 L 类及 W 类卷材理化性能

序号	项 目	Ⅰ 型	Ⅱ 型
1	拉力（N/cm）	≥70	≥120
2	断裂伸长率（%）	≥125	≥250
3	热处理尺寸变化率（%）	≤1.0	
4	低温弯折性	-20℃无裂纹	-25℃无裂纹

续表 2－10

序号	项　　目		Ⅰ　型	Ⅱ　型
5	抗穿孔性		不渗水	
6	不透水性		不透水	
7	剪切状态下的黏合性（N/mm）	L 类	≥3.0 或卷材破坏	
		W 类	≥6.0 或卷材破坏	
8	热老化处理	外观	无起泡、裂纹、黏结和孔洞	
		拉力变化率（%）	55	100
		断裂伸长率变化率（%）	100	200
		低温弯折性	−15℃无裂纹	−20℃无裂纹
9	耐化学侵蚀	拉力变化率（%）	55	100
		断裂伸长率变化率（%）	100	200
		低温弯折性	−15℃无裂纹	−20℃无裂纹
10	人工气候加速老化	拉力变化率（%）	55	100
		断裂伸长率变化率（%）	100	200
		低温弯折性	−15℃无裂纹	−20℃无裂纹

注：非外露使用可以不考核人工气候加速老化性能。

2.3　防水涂料

2.3.1　聚氨酯防水涂料

1. 分类

按组分分为单组分（S）和多组分（M）两种；按基本性能分为Ⅰ型、Ⅱ型和Ⅲ型；按是否暴露使用分为外露（E）和非外露（N）；按有害物质限量分为 A 类和 B 类。

2. 标记

按产品名称、组分、基本性能、是否暴露、有害物质限量和标准号顺序标记。

3. 一般要求

产品的生产和应用不应对人体、生物与环境造成有害的影响，所涉及与使用有关的安全与环保要求，应符合我国的相关国家标准和规范的规定。

4. 技术要求

（1）外观。产品为均匀黏稠体，无凝胶、结块。

（2）物理力学性能。

1）聚氨酯防水涂料基本性能应符合表 2－11 的规定。

表 2 – 11 聚氨酯防水涂料基本性能

序号	项 目		技术指标		
			I	II	III
1	固体含量（%）	单组分	≥85.0		
		多组分	≥92.0		
2	表干时间（h）		≤12		
3	实干时间（h）		≤24		
4	流平性①		20min 时，无明显齿痕		
5	拉伸强度（MPa）		≥2.00	≥6.00	≥12.0
6	断裂伸长率（%）		≥500	≥450	≥250
7	撕裂强度（N/mm）		≥15	≥30	≥40
8	低温弯折性		-35℃，无裂纹		
9	不透水性		0.3MPa，120min，不透水		
10	加热伸缩率（%）		-4.0 ~ +1.0		
11	黏结强度（MPa）		≥1.0		
12	吸水率（%）		≤5.0		
13	定伸时老化	加热老化	无裂纹及变形		
		人工气候老化②	无裂纹及变形		
14	热处理（80℃，168h）	拉伸强度保持率（%）	80 ~ 150		
		断裂伸长率（%）	≥450	≥400	≥200
		低温弯折性	-30℃，无裂纹		
15	碱处理 [0.1% NaOH + 饱和 Ca (OH)$_2$溶液，168h]	拉伸强度保持率（%）	80 ~ 150		
		断裂伸长率（%）	≥450	≥400	≥200
		低温弯折性	-30℃，无裂纹		
16	酸处理（2% H$_2$SO$_4$ 溶液，168h）	拉伸强度保持率（%）	80 ~ 150		
		断裂伸长率（%）	≥450	≥400	≥200
		低温弯折性	-30℃，无裂纹		
17	人工气候老化②（1000h）	拉伸强度保持率（%）	80 ~ 150		
		断裂伸长率（%）	≥450	≥400	≥200
		低温弯折性	-30℃，无裂纹		
18	燃烧性能②		B$_2$-E（点火 15s，燃烧 20s，Fs ≤ 150mm，无燃烧滴落物引燃滤纸）		

注：①该项性能不适用于单组分和喷涂施工的产品。流平性时间也可根据工程要求和施工环境由供需双方商定并在订货合同与产品包装上明示。

②仅外露产品要求测定。

2）聚氨酯防水涂料可选性能应符合表 2 – 12 的规定，根据产品应用的工程或环境条件由供需双方商定选用，并在订货合同与产品包装上明示。

表 2 – 12　聚氨酯防水涂料可选性能

序号	项　　目	技术指标	应用的工程条件
1	硬度（邵 AM）	≥60	上人屋面、停车场等外露通行部位
2	耐磨性（750g，500r）（mg）	≤50	上人屋面、停车场等外露通行部位
3	耐冲击性（kg·m）	≥1.0	上人屋面、停车场等外露通行部位
4	接缝动态变形能力/10000 次	无裂纹	桥梁、桥面等动态变形部位

3）聚氨酯防水涂料中有害物质限量应符合表 2 – 13 的规定。

表 2 – 13　聚氨酯防水涂料有害物质限量

序号	项　　目		有害物质限量	
			A 类	B 类
1	挥发性有机化合物（VOC）（g/L）		≤50	≤200
2	苯（mg/kg）		≤200	
3	甲苯 + 乙苯 + 二甲苯（g/kg）		≤1.0	≤5.0
4	苯酚（mg/kg）		≤100	≤100
5	蒽（mg/kg）		≤10	≤10
6	萘（mg/kg）		≤200	≤200
7	游离 TDI（g/kg）		≤3	≤7
8	可溶性重金属（mg/kg）[①]	铅 Pb	≤90	
		镉 Cd	≤75	
		铬 Cr	≤60	
		汞 Hg	≤60	

注：①可选项目，由供需双方商定。

5. 标志、包装、运输和贮存

（1）标志。产品外包装上应包括：

1）生产厂名、地址。

2）产品名称。

3）商标。

4）产品标记。

5）产品配比（多组分）。

6）加水配比（水固化产品）。

7）产品净质量。

8）生产日期和批号。

9）使用说明。

10）可选性能（若有时）。

11）运输和贮存注意事项。

12）贮存期。

（2）包装。产品用带盖的铁桶密闭包装，多组分产品按组分分别包装，不同组分的包装应有明显区别。

（3）贮存和运输。贮存与运输时，不同分类的产品应分别堆放。禁止接近火源，避免日晒雨淋，防止碰撞，注意通风。贮存温度 5~40℃。在正常贮存、运输条件下，贮存期自生产日起至少为 6 个月。

2.3.2 聚合物水泥防水涂料

聚合物水泥防水涂料是以丙烯酸酯等聚合物乳液和水泥为主要原料，加入其他外加剂制得的双组分水性建筑防水涂料。所用原材料不应对环境和人体健康构成危害。

1. 分类

产品按物理力学性能分为Ⅰ型、Ⅱ型和Ⅲ型。Ⅰ型适用于活动量较大的基层，Ⅱ型和Ⅲ型适用于活动量较小的基层。

2. 产品标记

产品标记顺序为产品名称、类型、标准号。

3. 技术要求

（1）外观。产品的两组分经分别搅拌后，其液体组分应为无杂质、无凝胶的均匀乳液；固体组分应为无杂质、无结块的粉末。

（2）物理力学性能。聚合物水泥防水涂料产品物理力学性能应符合表 2-14 的要求。

表 2-14 聚合物水泥防水涂料物理力学性能

序号	试验项目		技术指标		
			Ⅰ型	Ⅱ型	Ⅲ型
1	固体含量（%）		≥70	≥70	≥70
2	拉伸强度	无处理（MPa）	≥1.2	≥1.8	≥1.8
		加热处理后保持率（%）	≥80	≥80	≥80
		碱处理后保持率（%）	≥60	≥70	≥70
		浸水处理后保持率（%）	≥60	≥70	≥70
		紫外线处理后保持率（%）	≥80	—	—
3	断裂伸长率	无处理（%）	≥200	≥80	≥30
		加热处理（%）	≥150	≥65	≥20
		碱处理（%）	≥150	≥65	≥20
		浸水处理后（%）	≥150	≥65	≥20
		紫外线处理（%）	≥150	—	—
4	低温柔性（φ10mm 棒）		-10℃无裂纹	—	—

续表 2 – 14

序号	试 验 项 目		技 术 指 标		
			Ⅰ型	Ⅱ型	Ⅲ型
5	黏结强度	无处理（MPa）	≥0.5	≥0.7	≥1.0
		潮湿基层（MPa）	≥0.5	≥0.7	≥1.0
		碱处理（MPa）	≥0.5	≥0.7	≥1.0
		浸水处理（MPa）	≥0.5	≥0.7	≥1.0
6	不透水性（0.3MPa，30min）		不透水	不透水	不透水
7	抗渗性（砂浆背水面）（MPa）		—	≥0.6	≥0.8

4. 包装、标志、运输和贮存

（1）标志。产品包装上应有印刷或粘贴牢固的标志，内容包括：

1）产品名称。

2）产品标记。

3）双组分配比。

4）生产厂名、厂址。

5）生产日期、批号和保质期。

6）净含量。

7）商标。

8）运输与贮存注意事项。

（2）包装。

1）产品的液体组分应用密闭的容器包装。固体组分包装应密封防潮。

2）产品包装中应附有产品合格证和使用说明书。

（3）运输。本产品为非燃易爆材料，可按一般货物运输。运输时应防止雨淋、曝晒、受冻，避免挤压、碰撞，保持包装完好无损。

（4）贮存。产品应在干燥、通风、阴凉的场所贮存，液体组分贮存环境温度不应低于5℃。产品自生产之日起，在正常运输、贮存条件下贮存期为6个月。

2.3.3 聚合物乳液建筑防水涂料

以聚合物乳液为主要原料，加入其他添加剂而制得的单组分水乳型防水涂料。可在屋面、墙面、室内等非长期浸水环境下的建筑防水工程中使用。若用于地下及其他建筑防水工程，其技术性能还应符合相关技术规程的规定。

1. 分类

按物理力学性能分为Ⅰ类和Ⅱ类。Ⅰ类产品不用于外露场合。

2. 标记

产品标记顺序为产品名称、分类、标准编号。

3. 技术要求

（1）外观。产品经搅拌后无结块，呈均匀状态。

（2）物理力学性能。聚合物乳液建筑防水涂料物理力学性能应符合表 2 – 15 的要求。

表 2 – 15　聚合物乳液建筑防水涂料物理力学性能

序号	试　验　项　目		指　标	
			I	II
1	拉伸强度（MPa）		≥1.0	≥1.5
2	断裂延伸率（%）		≥300	
3	低温柔性，绕 φ10mm 棒弯 180°		–10℃，无裂纹	–20℃，无裂纹
4	不透水性，（0.3 MPa，30min）		不透水	
5	固体含量（%）		≥65	
6	干燥时间（h）	表干时间	≤4	
		实干时间	≤8	
7	处理后的拉伸强度保持率（%）	加热处理	≥80	
		碱处理	≥60	
		酸处理	≥40	
		人工气候老化处理①	—	80～150
8	处理后的断裂延伸率（%）	加热处理	≥200	
		碱处理		
		酸处理		
		人工气候老化处理①	—	200
9	加热伸缩率（%）	伸长	≤1.0	
		缩短	≤1.0	

注：①仅用于外露使用产品。

4. 包装、标志、运输和贮存

（1）包装。产品应贮存于清洁、干燥、密闭的塑料桶或内衬塑料袋的铁桶中。包装好的产品应附有产品合格证和产品使用说明书。

（2）标志。包装桶的立面应有明显的标志，内容包括：生产厂名、厂址、产品名称、标记、净重、商标、生产日期或生产批号、有效日期、运输和贮存条件。

（3）运输。本产品为非易燃易爆材料，可按一般货物运输。运输时，应防冻，防止雨淋、曝晒、挤压、碰撞，保持包装完好无损。

（4）贮存。产品在存放时应保证通风、干燥、防止日光直接照射，贮存环境温度不应低于 0℃。自生产之日起，贮存期为 6 个月。超过贮存期，可按本标准规定项目进行检验，结果符合标准仍可使用。

2.3.4 聚氯乙烯弹性防水涂料

聚氯乙烯弹性防水涂料系指以聚氯乙烯为基料，加入改性材料和其他助剂配制而成的热塑型和热熔型聚氯乙烯弹性防水涂料。

（1）PVC防水涂料按施工方式分为热塑型（J型）和热熔型（G型）两种类型；按耐热和低温性能分为801和802两个型号，"80"代表耐热温度为80℃，"1"、"2"代表低温柔性温度分别为"−10℃"、"−20℃"。

（2）J型防水涂料应为黑色均匀黏稠状物，无结块、无杂质。G型防水涂料应为黑色块状物，无焦渣等杂物，无流淌现象。

（3）PVC防水涂料的物理力学性能应符合的规定见表2−16。

表2−16　PVC防水涂料的物理力学性能

项　　目		技术指标	
		801	802
密度（g/cm³）		规定值① ±0.1	
耐热性，80℃，5h		无流淌、起泡和滑动	
低温柔性（℃）φ20mm		−10	−20
		无裂纹	
断裂延伸率（%）	无处理	≥350	
	加热处理	≥280	
	紫外线处理	≥280	
	碱处理	≥280	
恢复率（%）		≥70	
不透水性，0.1MPa，30min		不渗水	
黏结强度（MPa）		≥0.20	

注：①规定值是指企业标准或产品说明所规定的密度值。

2.3.5 水乳型沥青防水涂料

水乳型沥青防水涂料系指用于钢筋混凝土建筑防水或者砖混建筑防水为主要用途的以水为介质，采用化学乳化剂和（或）矿物乳化剂制得的沥青基防水涂料。

水乳型沥青防水涂料产品按性能分为H型和L型。水乳型沥青防水涂料样品搅拌后均匀无色差、无凝胶、无结块、无明显沥青丝。

水乳型沥青防水涂料的物理力学性能应满足的要求见表2−17。

表 2 –17　水乳型沥青防水涂料物理力学性能

项　　目		L	H
固体含量（%）		≥45	
耐热度（℃）		80±2	110±2
		无流淌、滑动、滴落	
不透水性		0.10MPa，30min 无渗水	
黏结强度（MPa）		≥0.30	
表干时间（h）		≤8	
实干时间（h）		≤24	
低温柔度①（℃）	标准条件	−15	0
	碱处理		
	热处理	−10	5
	紫外线处理		
断裂伸长率（%）	标准条件		
	碱处理		
	热处理	≥600	
	紫外线处理		

注：①供需双方可以商定温度更低的低温柔度指标。

2.3.6　溶剂型橡胶沥青防水涂料

溶剂型橡胶沥青防水涂料是以橡胶改性沥青为基料，经溶剂溶解配制而成的。

1. 等级

溶剂型橡胶沥青防水涂料按产品的抗裂性、低温柔性分为一等品（B）和合格品（C）。

2. 标记

标记方法：溶剂型橡胶沥青防水涂料按下列顺序标记：产品名称、等级、标准号。

3. 技术要求

（1）外观。黑色、黏稠状、细腻、均匀胶状液体。

（2）物理力学性能。溶剂型橡胶沥青防水涂料的物理力学性能应符合表 2 –18 的规定。

表 2 –18　溶剂型橡胶沥青防水涂料物理力学性能

项　　目		技 术 指 标	
		一等品	合格品
固定含量（%）		≥48	
抗裂性	基层裂缝（mm）	0.3	0.2
	涂膜状态	无裂纹	

续表 2 – 18

项　目	技 术 指 标	
	一等品	合格品
低温柔性，φ10mm，2h	−15℃	−10℃
	无裂纹	
黏结性（MPa）	≥0.20	
耐热性，80℃，5h	无流淌、鼓泡、滑动	
不透水性，0.2MPa，30min	不渗水	

4. 标志、包装、运输和贮存

（1）标志。出厂产品应标有生产厂名称、地址、产品名称、标记、生产日期、净质量、并附产品合格证和产品说明书。

（2）包装。溶剂型橡胶沥青防水涂料应用带盖的铁桶（内有塑料袋）或塑料桶包装，每桶净质量为 200kg、50kg 或 25kg 规格。

（3）运输。本产品系易燃品，在运输过程中不得接触明火和曝晒，不得碰撞和扔、摔。

（4）贮存。产品应贮存于干燥、通风及阴凉的仓库内。在正常贮存条件下，自生产之日起贮存期为 1 年。

2.4　防水密封材料

2.4.1　密封材料分类和要求

建筑密封材料又称嵌缝材料，用于建筑物的接缝中可起到防水、防尘和隔气的作用。其分类为：

1. 状态

根据状态不同分为：

（1）定形密封材料，是将密封材料按密封工程部位的不同要求制成带、条、片等形状，俗称密封条或压条。

（2）非定型密封材料，是黏稠状的密封材料，又称密封胶。可分为溶剂型、乳液型、化学反应型等。

2. 性能

按性能分为：

（1）弹性密封材料，由氯丁橡胶、聚氨酯、有机硅橡胶等为主要原料制成，弹性耐久性较好，使用年限在 20 年左右。

（2）弹塑性密封材料，主要成分为聚氯乙烯胶泥和各种塑料油膏。弹性低但塑性大，伸长性及黏结力好，使用年限在 10 年以上。

（3）塑性密封材料，是以改性沥青和煤焦油为主制成的。有一定的弹性和耐久性，但弹性差，伸长性较差，使用年限在10年以下。

3．组分

按组分分为单组分和多组分密封材料。

4．材料组成

按材料组成分为改性沥青密封材料和合成高分子密封材料。

要求：密封材料应具有良好的密闭性（包括水密性和气密性）、黏结性、耐老化性和温度适应性，一定的弹塑性和拉伸－压缩循环性能即能长期经受被黏附构件的收缩与振动而不破坏的性能。

2.4.2 聚氨酯建筑密封胶

1．分类

（1）品种。聚氨酯建筑密封胶产品按包装形式分为单组分（Ⅰ）和多组分（Ⅱ）两个品种。

（2）类型。产品按流动性分为非下垂型（N）和自流平型（L）两个类型。

（3）级别。产品按位移能力分为25、20两个级别，见表2-19。

表2-19 聚氨酯建筑密封胶级别

级　别	试验拉压幅度（%）	位移能力（%）
25	±25	25
20	±20	20

（4）次级别。产品按拉伸模量分为高模量（HM）和低模量（LM）两个次级别。

2．要求

（1）外观。

1）产品应为细腻、均匀膏状物或黏稠液，不应有气泡。

2）产品的颜色与供需双方商定的样品相比，不得有明显差异。多组分产品各组分的颜色应有明显差异。

（2）物理力学性能。聚氨酯建筑密封胶的物理力学性能应符合表2-20的规定。

表2-20 聚氨酯建筑密封胶的物理力学性能

试　验　项　目		技　术　指　标		
		20HM	25LM	20LM
密度（g/cm³）		规定值±0.1		
流动性	下垂度（N型）（mm）	≤3		
	流平性（L型）	光滑平整		
表干时间（h）		≤24		
挤出性①（mL/min）		≥80		

续表 2 - 20

试 验 项 目		技 术 指 标		
		20HM	25LM	20LM
适用期② （h）		≥1		
弹性恢复率 （%）		≥70		
拉伸模量 （MPa）	23℃	>0.4 或 >0.6	≤0.4 或 ≤0.6	
	-20℃			
定伸黏结性		无破坏		
浸水后定伸黏结性		无破坏		
冷拉 - 热压后的黏结性		无破坏		
质量损失率 （%）		≤7		

注：①此项仅适用于单组分产品。

②此项仅适用于多组分产品，允许采用供需双方商定的其他指标值。

2.4.3 聚硫建筑密封胶

1. 分类

（1）类型。产品按流动性分为非下垂型（N）和自流平型（L）两个类型。

（2）级别。产品按位移能力分为 25、20 两个级别，见表 2 - 21。

表 2 - 21 聚硫建筑密封胶的级别

级 别	试验拉压幅度 （%）	位移能力 （%）
25	±25	25
20	±20	20

（3）次级别。产品按拉伸模量分为高模量（HM）和低模量（LM）两个次级别。

2. 要求

（1）外观。

1）产品应为均匀膏状物、无结皮结块，组分间颜色应有明显差别。

2）产品的颜色与供需双方商定的样品相比，不得有明显差异。

（2）物理力学性能。聚硫建筑密封胶的物理力学性能应符合表 2 - 22 的规定。

表 2 - 22 聚硫建筑密封胶的物理力学性能

试 验 项 目		技 术 指 标		
		20HM	25LM	20LM
密度 （g/cm³）		规定值 ±0.1		
流动性	下垂度（N 型）（mm）	≤3		
	流平性（L 型）	光滑平整		

续表 2 – 22

试 验 项 目		技 术 指 标		
		20HM	25LM	20LM
表干时间（h）		≤24		
适用期① （h）		≥3		
弹性恢复率（%）		≥70		
拉伸模量（MPa）	23℃	>0.4 或 >0.6	≤0.4 或 ≤0.6	
	–20℃			
定伸黏结性		无破坏		
浸水后定伸黏结性		无破坏		
冷拉 – 热压后的黏结性		无破坏		
质量损失率（%）		≤5		

注：①适用期允许采用供需双方商定的其他指标值。

2.4.4 硅酮建筑密封胶

1. 分类

（1）种类。

1）按固化机理分为 A 型——脱酸（酸性）和 B 型——脱醇（中性）。

2）按用途分为 G 类——镶装玻璃用和 F 类——建筑接缝用。不适用于建筑幕墙和中空玻璃。

（2）级别。产品按位移能力分为 25、20 两个级别，见表 2 – 23。

表 2 – 23　硅酮建筑密封胶级别

级 别	试验拉压幅度（%）	位移能力（%）
25	± 25	25
20	± 20	20

（3）次级别。产品按拉伸模量分为高模量（HM）和低模量（LM）两个次级别。

2. 要求

（1）外观。

1）产品应为细腻、均匀膏状物，不应有气泡、结皮和凝胶。

2）产品的颜色与供需双方商定的样品相比，不得有明显差异。

（2）理化性能。硅酮建筑密封胶的理化性能应符合表 2 – 24 的规定。

表 2-24　硅酮建筑密封胶的理化性能

试 验 项 目		技 术 指 标			
		25HM	20HM	25LM	20LM
密度（g/cm³）		规定值 ±0.1			
下垂直（mm）	垂直	≤3			
	水平	无变形			
表干时间（h）		≤3①			
挤出性（mL/min）		≥80			
弹性恢复率（%）		≥80			
拉伸模量（MPa）	23℃	>0.4 或 >0.6		≤0.4 或 ≤0.6	
	-20℃				
定伸黏结性		无破坏			
紫外线辅照后黏结性②		无破坏			
冷拉-热压后黏结性		无破坏			
浸水后定伸黏结性		无破坏			
质量损失率（%）		≤10			

注：①允许采用供需双方商定的其他指标值。
　　②此项仅适用于 G 类产品。

2.4.5　密封材料的验收和储运

1. 资料验收

（1）建筑密封材料质量证明书验收。建筑密封材料在进入施工现场时应对质量证明书进行验收。质量证明书必须字迹清楚，证明书中应证明：供方名称或厂标、产品标准、生产日期和批号、产品名称、规格及等级、产品标准中所规定的各项出厂检验结果等。质量证明书应加盖生产单位公章。

（2）建立材料台账。建筑密封材料进场后，施工单位应及时建立"建设工程材料采购验收检验使用综合台账"。监理单位可设立"建设工程材料监理监督台账"。内容包括：材料名称、规格品种、生产单位、供应单位、进货日期、送货单编号、进货数量、质量证明书编号、外观质量、材料检验日期、复验报告编号和结果、工程材料报审表确认日期、使用部位、审核人员签名等。

（3）产品包装和标志。建筑密封材料可用支装或桶装，包装容器应密闭。标志包括生产厂名、产品标记、产品颜色、生产日期或批号及保质期、净重或净容量、商标、使用说明及注意事项。

2. 实物质量的验收

实物质量验收分为外观质量验收、物理性能验收两个部分。

（1）外观质量验收。密封材料应为均匀膏状物，无结皮、凝胶或不易分散的固体团块。产品的颜色与供需双方商定的样品相比，不得有明显差异。

（2）建筑密封材料的送样检验要求。进场的密封材料送样检验：

1）单组分密封材料以出厂的同等级同类型产品每 2 吨为一批，进行出厂检验。不足 2 吨也可为一批；双组分密封材料以同一等级、同一类型的 200 桶产品为一批（包括 A 组分和配套的 B 组分）。不足 200 桶也作一批。

2）将受检的密封材料进行外观质量检验，全部指标达到标准规定时为合格。

3）在外观质量检验合格的密封材料中，取样做物理性能检验，若物理性能有三项不合格，则为不合格产品；有二项以下不合格，可在该批产品中双倍取样进行单项复验，如仍有一项不合格，则该批为不合格产品。

4）进场的密封材料物理性能检验项目：

具体性能指标见表 2 – 20、表 2 – 22、表 2 – 24。

3．密封材料的贮运与保管

不同品种、型号和规格的密封材料应分别堆放；聚硫建筑密封膏应贮存于阴凉、干燥、通风的仓库中，桶盖必须盖紧。在不高于 27℃ 的条件下，自生产之日起贮存期为六个月。运输时应防止日晒雨淋，防止接近热源及撞击、挤压，保持包装完好无损。

2.5 堵漏防水材料

堵漏材料是能在短时间内速凝的材料，从而堵住水的渗出。其分类和常见品种见表 2 – 25。

表 2 – 25 堵漏材料的分类和常见品种

名　　称	分　　类	常见品种
堵漏材料	堵漏剂	水玻璃 防水宝、堵漏灵、堵漏能、确保时 水不漏
	灌浆材料	聚氨酯灌浆材料 丙凝 环氧树脂灌浆材料 水泥类灌浆材料

1．堵漏剂

除传统使用的水玻璃为基料配以适量的水和多种矾类制成的快速堵漏剂外，目前常用的是各种粉类堵漏材料。无机高效防水粉是一种水硬性无机胶凝材料，与水调和后具有防水防渗性能。品种有堵漏灵、堵漏能、确保时、防水宝等。水不漏类堵漏材料是一种高效防潮、抗渗、堵漏材料，有速凝型和缓凝型，速凝型用于堵漏，缓凝型用于防水渗。

2．灌浆材料

有水泥类灌浆材料和化学灌浆材料。化学灌浆材料堵漏抗渗效果好。

（1）聚氨酯灌浆材料。属于聚氨基甲酸酯类的高分子聚合物，是由多异氰酸酯和多羟基化合物反应生成。聚氨酯灌浆材料分水溶物和非水溶性两大类。

水溶性聚氨酯灌浆材料是由环氧乙烷或环氧乙烷和环氧丙烷开环共聚的聚醚与异氰酸酯合成制得的一种不溶于水的单组分注浆材料。水溶性聚氨酯灌浆材料与水混合后黏度小，可灌性好，形成的凝胶为含水的弹性固体，有良好的适应变形能力，且有一定的黏结强度。该材料适用于各种地下工程内外墙面、地面水池、人防工程、隧道等变形缝的防水堵漏。

　　非水溶性聚氨酯灌浆材料又称氰凝，是以多异氰酸酯和聚醚产生反应生成的预聚体，加以适量的添加剂制成的化学浆液。遇水后立即发生反应，同时放出大量二氧化碳气体，边凝固边膨胀，渗透到细微的孔隙中，最终形成不溶水的凝胶体，达到堵漏的目的。非水溶性聚氨酯灌浆材料适用于地下混凝土工程的三缝堵漏（变形缝、施工缝、结构裂缝），建筑物的地基加固，特别适合开度较大的结构裂缝。

　　（2）丙烯酰胺灌浆材料。俗称丙凝，由双组分组成，系以丙烯酰胺为主剂，辅以交联剂、促进剂、引发剂配置而成的一种快速堵漏止水材料。该材料具有黏度低、可灌性好、凝胶时间可以控制等优点。丙凝固化强度较低，湿胀干缩。因此，不宜用于常发性湿度变化的部位作永久性止水措施。也不宜用于裂缝较宽水压较大的部位堵漏。适用于处理水工建筑的裂缝堵漏，大块基础帷幕和矿井的防渗堵漏等。

　　（3）环氧树脂灌浆材料。由主剂（环氧树脂）、固化剂、稀释剂、促进剂组成，具有黏结功能好、强度高、收缩率小的特点。适宜用于修补堵漏与结构加固。目前比较广泛使用的是糠醛丙酮系环氧树脂灌浆材料。

3 防水施工机具

3.1 一般施工工、机具

防水工程施工常用施工工、机具见表3－1。

表3－1 防水工程施工常用施工工、机具

工具名称	图示	用途
小平铲 （泥子刀、油灰刀）		有软硬两种，软性适合于调制弹性密封膏，硬性适合于清理基层
扫帚		用于清理基层、油毡面等
拖布（拖把）	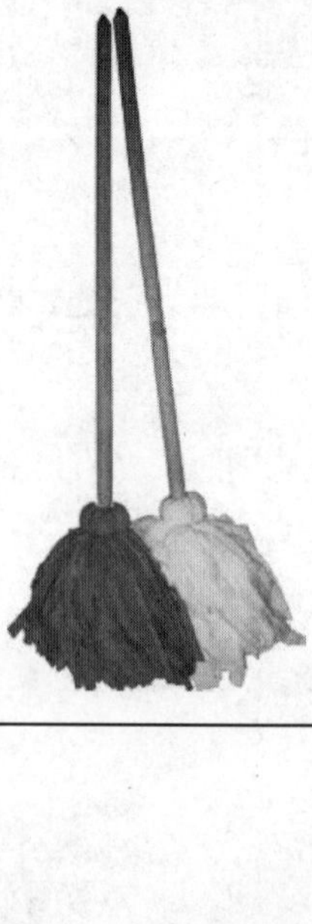	用于清理灰尘基层

续表 3 – 1

工具名称	图　示	用　途
钢丝刷	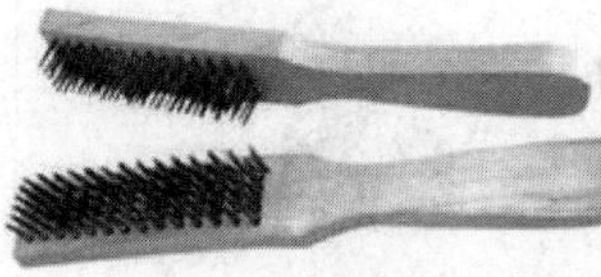	用于清理基层灰浆
皮老虎（皮风箱）		用于清理接缝内的灰尘
铁桶、塑料桶		用于盛装溶剂及涂料
嵌填工具	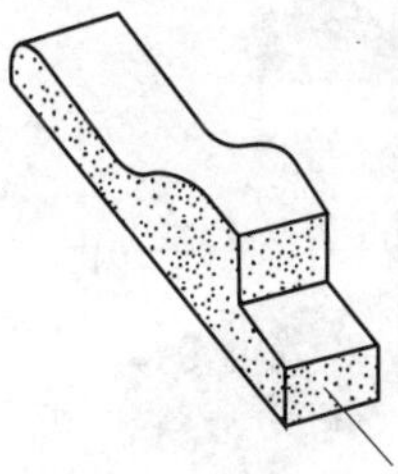 接触面	用于嵌填衬垫材料
压辊	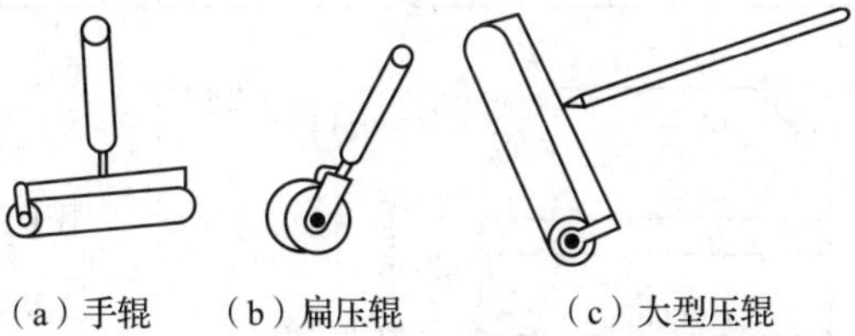 （a）手辊　　（b）扁压辊　　（c）大型压辊	用于卷材施工压扁

续表 3 – 1

工具名称	图　　示	用　　途
油漆刷		用于涂刷涂料
滚动刷		用于涂刷涂料、胶粘剂等
磅秤		用于各种材料计量
胶皮刮板		用于刮混合料

续表 3－1

工具名称	图　　示	用　　途
铁皮刮板	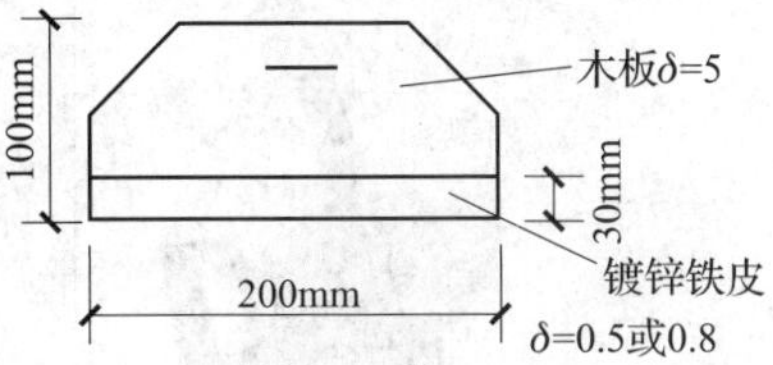	用于复杂部位刮混合料
皮卷尺		用于度量尺寸
钢卷尺		用于度量尺寸
长把刷	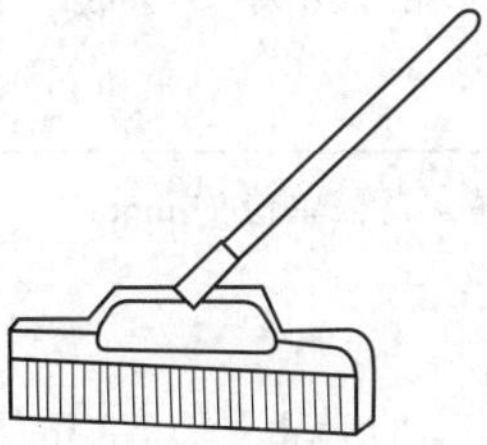	用于涂刷涂料
镏子		用于密封材料表面修整
空气压缩机		用于清除基层灰尘及进行热熔卷材施工

续表 3 -1

工具名称	图　　示	用　　途
电动搅拌器	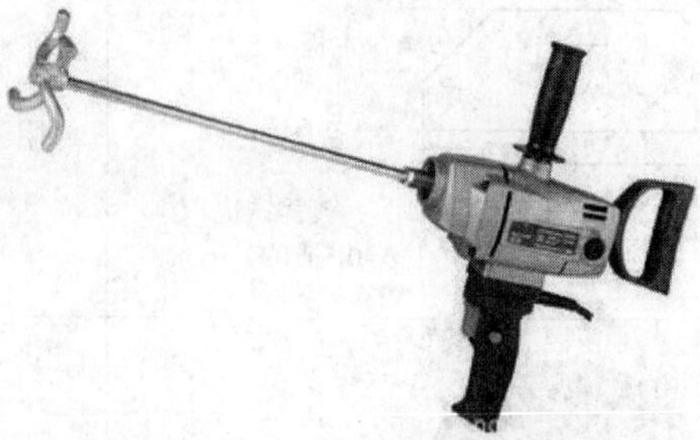	用于搅拌糊状材料
手动挤压枪	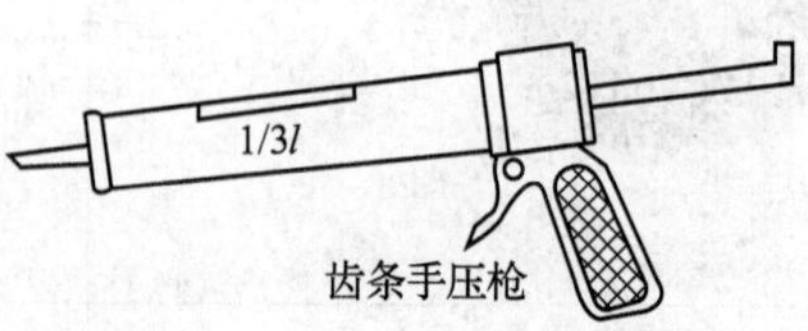 1/3*l* 齿条手压枪	用于嵌填筒装密封材料
气动挤压枪	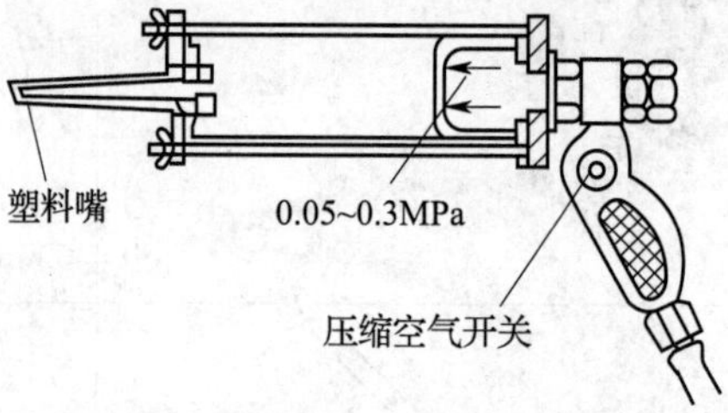 塑料嘴　0.05~0.3MPa　压缩空气开关	用于嵌填筒装密封材料

注：空气压缩机的外形尺寸规格为长×宽×高，单位为 mm。

3.2　涂膜防水施工常用工具

涂膜防水施工常用的施工机具见表 3 -2。实际操作时，所需机具、工具的数量和品种可根据工程情况及施工组织情况进行调整。

表 3 -2　涂膜防水施工机具及用途

工　具　名　称	用　　途	备　　注
棕扫帚	清理基层	不掉毛
钢丝刷	清理基层、管道等	—
磅秤、台秤等	配料、计量	—
电动搅拌器	涂料搅拌	功率大转速较低
铁桶或塑料桶	盛装混合料	圆桶便于搅拌

续表 3－2

工具名称	用途	备注
开罐刀	开启涂料罐	—
棕毛刷、圆辊刷	涂刷基层处理剂	—
塑料刮板、胶皮刮板	涂布涂料	—
喷涂机	喷涂基层处理剂、涂料	根据涂料黏度选用
裁剪刀	裁剪增强材料	—
卷尺	量测检查	长为 2～5m

3.3　防水卷材施工常用工具

卷材防水屋面的施工机具，系根据防水卷材的品种和施工工艺的不同而选用不同的施工机具及防护用具。

1. 沥青防水卷材施工常用工具

沥青防水卷材施工所需常用的施工工具，见表 3－3。

表 3－3　沥青防水卷材施工工具

工具名称	图示	用途
沥青壶	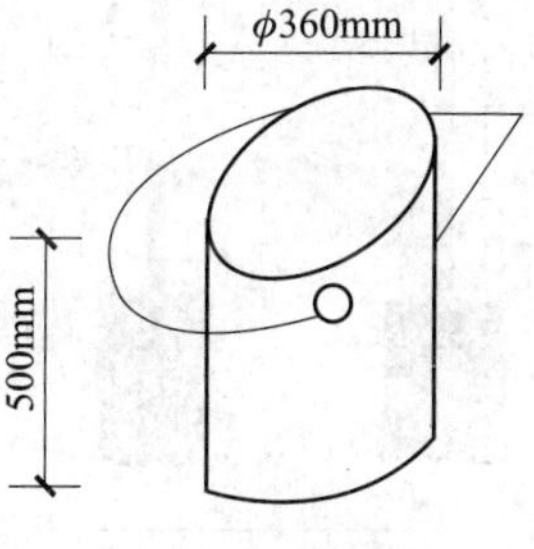	浇铺沥青玛琋脂
鼓风机		熬制沥青时向炉膛送风

续表 3 – 3

工具名称	图　　示	用　　途
加热保温车		运送熬制好的沥青玛琋脂
砂纸、钢丝刷		清理细部构造
铁锹		清理基层
剪刀	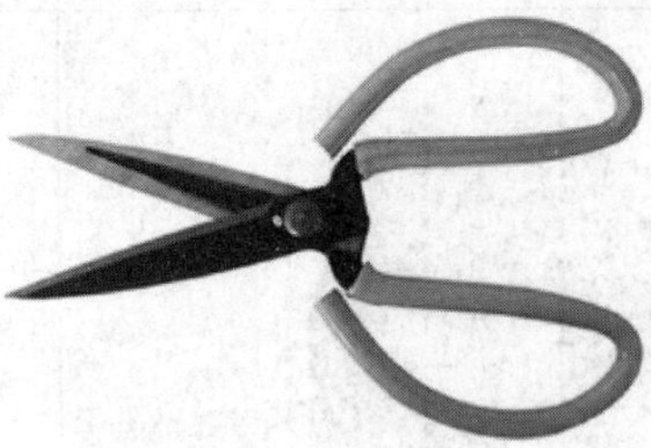	裁剪卷材

2. 高聚物改性沥青防水卷材施工常用机具

高聚物改性沥青防水卷材施工常用机具，见表 3 – 4。

表 3 – 4　高聚物改性沥青防水卷材施工常用机具

工具名称	图　　示	规格	用途
火焰喷枪			
多头火焰喷枪		专用工具	烘烤热熔卷材
汽油喷灯			
煤油喷灯			

续表 3 - 4

工具名称	图　示	规格	用途
铁抹子	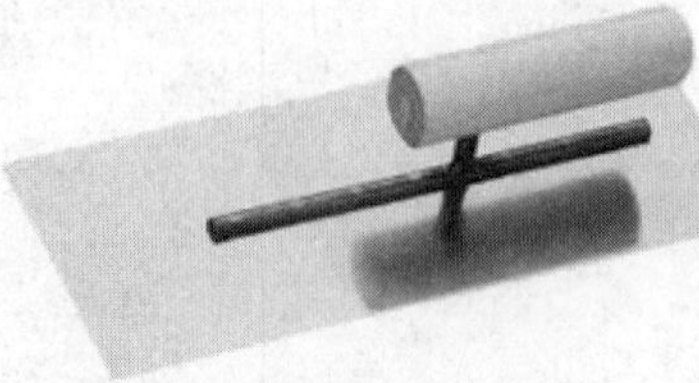	—	压实卷材搭接边及修补基层和处理卷材收头等
干粉灭火器		—	消防备用
手推车		—	搬运工具

3. 合成高分子防水卷材施工常用机具

合成高分子防水卷材冷粘法施工常用机具，见表 3 - 5。

表 3 - 5　合成高分子防水卷材冷粘法施工常用机具

工具名称	规格	用途
小平铲	50 ~ 100mm	清扫基层，局部嵌填密封材料
扫帚	常用	
钢丝刷	常用	
吹风机	300W	清理基层
铁抹子	—	修补基层及末端收头抹平
电动搅拌器	300W	搅拌胶粘剂
铁桶、油漆桶	20L、3L	盛装胶粘剂
皮卷尺、钢卷尺	50m、2m	测量放线
剪刀	—	剪裁划割卷材
油漆刷	50 ~ 100mm	涂刷胶粘剂

续表 3 – 5

工 具 名 称	规 格	用 途
长把滚刷	ϕ60mm × 250mm	涂刷胶粘剂，推挤已铺卷材内部的空气
橡胶刮板	5mm 厚 × 7mm	刮涂胶粘剂
木刮板	250mm 宽 × 300mm	清除已铺卷材内部空气
手压辊	ϕ40mm × 50mm	压实卷材搭接边
	ϕ40mm × 5mm	压实阴角卷材
大压辊	ϕ200mm × 300mm	压实大面积卷材
铁管或木棍	ϕ30mm × 1500mm	铺层卷材
嵌缝枪	—	嵌填密封材料
热压焊接机	4000W	专用机具
热风焊接枪	2000W	专用工具
称量器	50kg	称量胶粘剂
安全绳	—	防护用具

3.4 刚性防水层施工常用工具

刚性防水层主要施工设备和机具见表 3 – 6。

表 3 – 6　刚性防水层主要施工设备和机具

类 型	名 称
拌和机具	混凝土搅拌机、砂浆搅拌机、磅秤、台秤等
运输机具	手推车、卷扬机、井架或塔吊等
混凝土浇捣工具	平锹、木刮板、平板振动器、滚筒、木抹子、铁抹子或抹光机、水准仪（抄水平用）等
钢筋加工机具	剪丝机、弯钩工具、钢丝钳等
铺防水粉工具	筛子、裁切刀、木压板、刮板、灰桶、抹灰刀等
灌缝机具	清缝机或钢丝刷、吹尘器、油漆刷子、扫帚、水桶、锤子、斧子、铁锅、200℃温度计、鸭嘴桶或灌缝车、油膏挤压枪等  灌缝车
其他	分格缝木条、木工锯

3.5　密封填料防水施工常用工具

基层处理工具、嵌填密封材料工具、搅拌密封材料工具和计量工具，见表3-7。

表3-7　密封填料防水施工工具

工 具 名 称	用 　途	备 　注
钢丝刷	清除浮灰、浮浆、砂浆、疙浆、砂浆余料等用	—
平铲		
泥子刀		
小锥子		
扫帚	清扫垃圾与杂土	吹风机与压缩机配套
皮老虎		
吹风机		
小毛刷		
溶剂用容器	基层涂层处理用	
溶剂用刷子、棉纱		
嵌缝泥子刀	嵌填密封膏用	—
手动挤压枪		
电动挤压（出）枪		
小刀	切割背衬材料和密封膏筒及填塞背衬材料用	—
木条		
搅拌工具	双组分密封膏搅拌用	电动、手动均可
防污条	防止密封膏污染用	—
安全设施	确保人身安全	—

3.6　其他机具的使用和维护

1. 冲击钻

冲击钻依靠旋转和冲击来工作（见图3-1）。单一的冲击是非常轻微的，但每分钟40000多次的冲击频率可产生连续的力，可用于天然的石材或混凝土。冲击钻工作时，在钻头夹头处有调节旋钮，可调普通手电钻和冲击钻两种方式。但是冲击钻是利用内轴上的齿轮相互跳动来实现冲击效果，但是冲击力远远不及电锤，它不适合钻钢筋混凝土。主要构造包括：电源开关，倒顺限位开关，钻夹头，电源调压及离合控制扭，改变电压实

图3-1　冲击钻

现二级变速机构，辅助手柄、定位圈、壳体紧定螺钉等，顺逆转向控制机构，机内的齿轮组，机壳绝缘持握手把等。

（1）使用方法。

1）操作前必须查看电源是否与电动工具上的常规额定 220V 电压相符，以免错接到 380V 的电源上。

2）使用冲击钻前请仔细检查机体绝缘防护、辅助手柄及深度尺调节等情况，机器有无螺丝松动现象。

3）冲击钻必须按材料要求装入 $\phi6 \sim 25mm$ 之间允许范围的合金钢冲击钻头或打孔通用钻头。严禁使用超越范围的钻头。

4）冲击钻导线要保护好，严禁满地乱拖，防止轧坏、割破，更不准把电线拖到油水中，防止油水腐蚀电线。

5）使用冲击钻的电源插座必须配备漏电开关装置，并检查电源线有无破损现象。使用当中发现冲击钻漏电、震动异常、高热或者有异声时，应立即停止工作，由电工及时检查修理。

6）冲击钻更换钻头时，应用专用扳手及钻头锁紧钥匙，杜绝使用非专用工具敲打冲击钻。

7）使用冲击钻时切记不可用力过猛或出现歪斜操作，事前务必装紧合适钻头并调节好冲击钻深度尺；垂直、平衡操作时要徐徐均匀地用力，不可强行使用超大钻头。

8）熟练掌握和操作顺逆转向控制机构、松紧螺丝及打孔等功能。

（2）注意事项。冲击钻一般情况下是不能用来作电钻使用的，原因如下：

1）冲击钻在使用时方向不易把握，容易出现误操作，开孔偏大。

2）钻头不锋利，使所开的孔不工整，出现毛刺或裂纹。

3）即使上面有转换开关，也尽量不用来钻孔，除非使用专用的钻木的钻头，但是由于电钻的转速很快，很容易使开孔处发黑并使钻头发热，从而影响钻头的使用寿命。

（3）维护与保养。

1）由专业电工定期更换冲击钻的单相电动机碳刷及检查弹簧压力。

2）保障冲击钻机身整体是否完好及清洁和污垢的清除，保证冲击钻动转顺畅。

3）由专业人员定期检查手电钻各部件是否损坏，对损伤严重而不能再用的应及时更换。

4）及时增补因作业中机身上丢失的机体螺钉紧固件。

5）定期检查传动部分的轴承、齿轮及冷却风叶是否灵活完好，适时对转动部位加注润滑油，以延长手电钻的使用寿命。

6）使用完毕后要及时将手电钻归还工具库妥善保管。杜绝在个人工具柜存放过夜。

2. 切割机

切割机（见图 3 - 2）分为火焰切割机、等

图 3 - 2　切割机

离子切割机、激光切割机、水切割等。激光切割机为效率最快、切割精度最高，切割厚度一般较小。等离子切割机切割速度也很快，切割面有一定的斜度。火焰切割机用于厚度较大的碳钢材的切割。

（1）使用。

1）切割机安装完毕后，接通电源检查整机各部分转动是否灵活，各紧固件是否松动。

2）接通电源，按下主机按钮，检查刀片转向是否与箭头方向一致。若反向立即调整。检查完毕后即可装夹岩样进行切割，岩样装夹时，应选择可靠的夹持点，防止虚夹和假夹现象。以免在切削过程中因岩石窜动而损坏刀具及岩样。

3）夹持不规则岩石时，可用顶压法夹持。

4）切割芯样时，如岩石数量较多，可用随机所附的长压板压上数块岩样，一起切削，以提高工作效率。

5）工作时，先启动主电动机，再按进刀按钮开始切削，由于岩石多呈不规则形状，此时进刀速度要慢，待刀片刃全部进入岩样后，方可稍快一点。

6）切割机自动进退刀，当切刀沿工作台运动到终端时，可自动后退到起端，并自动停止移动。如在工作过程中需要后退，按控制台快退按钮即可。快退中需要前进，按进刀按钮同样可以进刀。不论进刀或退刀，按停止按钮切刀均可停止移动。工作时，如发现切刀离岩样较远，可按下快进按钮（按住不放）或点动快进，待刀片接近岩样时，即松开按钮。然后再按进刀按钮，进行正常切割。这样可以缩短进刀辅助时间。

7）在切割试件时，在工作前可根据岩石硬度调节进给速度，在切割过程中调节进给速度可能出现刀痕，根据使用经验切割较硬石头时，速度一般为40毫米/分左右。

（2）维护与保养。操作完毕应用自来水冲洗工作室及工作台面的岩渣并擦干；定期清理拖板和导轨以及导轨传动丝杆上的油渍，并及时加注润滑油；工作全部结束后，将刀片向前移动10厘米左右，使行程开关摇臂复位；切割机整机使用后如在一定的时间内不使用，应将刀片和夹具移动部位及机内一些易生锈的地方涂一层锂。

1）日常维护和保养。

①每个工作日必须清理机床及导轨的污垢，使床身保持清洁；下班时关闭气源及电源，同时排空机床管带里的余气。

②如果离开机器时间较长则要关闭电源，以防非专业者操作。

③注意观察机器横、纵向导轨和齿条表面有无润滑油，使之保持润滑良好。

2）每周的维护与保养。

①每周要对机器进行全面的清理，横、纵向的导轨、传动齿轮齿条的清洗，并加注润滑油。

②检查横纵向的擦轨器是否正常工作，如不正常及时更换。

③检查所有割炬是否松动，清理点火枪口的垃圾，使点火保持正常。

④如有自动调高装置，检测是否灵敏、是否要更换探头。

⑤检查等离子割嘴与电极是否损坏、是否需要更换割嘴与电极。

3）月与季度的维修保养。

①检查总进气口有无垃圾，各个阀门及压力表是否工作正常。

②检查所有气管接头是否松动，所有管带有无破损。必要时紧固或更换。

③检查所有传动部分有无松动，检查齿轮与齿条啮合的情况，必要时予以调整。

④松开加紧装置，用手推动滑车，检查是否来去自如，如有异常情况及时调整或更换。

⑤检查夹紧块、钢带及导向轮有无松动及钢带松紧状况，必要时调整。

⑥检查所有按钮和选择开关的性能，损坏的应更换，最后画综合检测图形检测机器的精度。

（3）注意事项。

1）移动工作台或主轴时，要根据与工件的远近距离，正确选定移动速度，严防移动过快时发生碰撞。

2）编程时要根据实际情况确定正确的加工工艺和加工路线，杜绝因加工位置不足或搭边强度不够而造成的工件报废或提前切断掉落。

3）线切前必须确认程序和补偿量正确无误。

4）检查电极丝张力是否足够。在切割锥度时，张力应调小至通常的一半。

5）检查电极丝的送进速度是否恰当。

6）根据被加工件的实际情况选择敞开式加工或密着加工，在避免干涉的前提下尽量缩短喷嘴与工件的距离。密着加工时，喷嘴与工件的距离一般取 $0.05 \sim 0.1$ mm。

7）检查喷流选择是否合理，粗加工时用高压喷流，精加工时低压喷流。

8）启动时应注意观察判断加工稳定性，发现不良时及时调整。

9）加工过程中，要经常对切割工况进行检查监督，发现问题立即处理。

3. 压浆机

压浆机（见图3-3）是孔道灌浆的主要设备。它主要由灰浆搅拌桶、贮浆桶和压浆送灰浆的灰浆泵以及供水系统组成。

压浆机的用途如下：

（1）在建筑工程中，用于垂直及水平输送灰浆。

（2）在冶金钢铁部门中，用于维修高护及其他设备。

（3）在国防工程、人防工程及矿山、坑道施工中用于灌浆。

（4）在农田、水利工程中，用于加固大坝。沙地打井用于加固井壁等。

（5）在铁路建设中，用于桥梁、涵洞的灌浆加固。

（6）预应力构件工程用于灰浆注入扩张等。

（7）在公路路面维护中，用于混凝土路面板底空压浆。

图3-3　压浆机

4 屋 面 防 水

4.1 卷材防水屋面

4.1.1 卷材防水屋面的构造

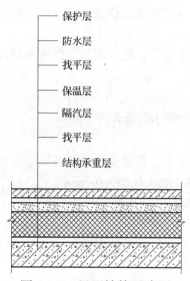

保护层
防水层
找平层
保温层
隔汽层
找平层
结构承重层

图 4-1 屋面结构层次图

卷材防水屋面一般是由结构承重层、隔汽层、找坡层、保温层、找平层、防水层、保护层等组成，如图 4-1 所示。

1. 对隔汽层的要求

隔汽层应当是整体连续的，在屋面与垂直面连接的地方，隔汽层应延伸到保温层顶部并高出 150mm，以便与防水层相连。隔汽层可采用气密性好的合成高分子卷材或防水涂料。

2. 对保温层的要求

保温层宜选用吸水率低、密度和热导率小，并有一定强度的保温材料。有板状材料保温层、纤维材料保温层及整体材料保温层等。

3. 对防水层的要求

屋面防水层，应按设计要求，选择符合标准的防水材料。

4. 对保护层的要求

施工完的防水层应进行雨后观察、淋水或蓄水试验，并应在合格后进行保护层和隔离层的施工。保护层和隔离层施工前，防水层或保温层的表面应平整、干净；施工时，应避免损坏防水层或保温层。块体材料、水泥砂浆、细石混凝土保护层表面的坡度应符合设计要求，不得有积水现象。

5. 对基层含水率的要求

为了防止卷材屋面防水层起鼓、开裂，要求做防水层以前，保温层应干燥。简单的测试方法是裁剪一块 1m×1m 的防水卷材，平铺在找平层上，过 3~4h 后揭开卷材，如找平层上没有明显的湿印，即可认为含水率合格；如有明显的湿印甚至有水珠出现，说明基层含水率太高，不宜铺设卷材。

在基层含水率高的情况下，为了赶工期，可以做排汽屋面。排汽屋面的做法如下：

在找平层上隔一定的距离（一般不大于 6m）留出或凿出排汽道。排气道的宽度为 30~140mm，深度一直到结构层，排汽道要互相贯通。通常屋脊上有一道纵向排汽道，在纵横排汽道的交叉处放置排汽管。排汽管可用塑料管或钢管自制，直径为 100mm 为宜。排汽管应高出找平层 100~150mm，埋入保温层的部分周围应钻眼，用钢管时可将埋入部分用三根支撑代替，以利于排汽。排气道内可用碎砖块、大块炉渣等充填，不能用粉末状材料填入。在排汽道上面干铺一层宽为150mm的卷材，为防止移动，也可点粘在排汽道上。排汽道上应加防雨帽，架空隔热的屋面可以不加，排汽管固定好就可以做卷材了。卷材与排汽管处的防水要做好，用防水涂料加玻纤布涂刷为宜，一般一年后即可以拆掉排汽管，不上人屋面也可以不拆。

4.1.2　卷材防水施工条件

卷材防水层施工，基本为露天作业，因此受气候的影响极大。施工期的雨、雪、霜、雾，以及低温、高温、大风等天气情况，对防水层的质量都会造成不同程度的影响，所以防水层施工期间，必须掌握天气情况和气象预报，以保证施工的顺利进行和屋面工程的施工质量。《屋面工程技术规范》GB 50345—2012 和《地下工程防水技术规范》GB 50108—2008 都规定，卷材防水层严禁在雨天、雪天和五级风及其以上时施工。施工的环境气温条件宜符合表4-1的要求。

表4-1　屋面保温层和防水层施工环境气温条件

项　　目	施工环境气温
沥青防水卷材	不低于5℃
高聚物改性沥青防水卷材	冷粘法不低于5℃，热熔法不低于-10℃
合成高分子防水卷材	冷粘法不低于5℃，热风焊接法不低于-10℃

（1）雨、雪天气或预计在防水层施工期内有雨雪时，就不应该进行防水层施工，以免雨、雪破坏已施工的防水层，失去防水效果。如施工时，遇雨、雪则必须立即做好保护措施，将已完成的防水层周边用密封材料封固，防止雨水浸入。

（2）霜、雾天或大气湿度过大时，会使基层的含水率增大，必须待霜、雾退去、基层晒干后施工，否则会造成防水层与基层黏结不良或起鼓现象。

（3）当五级风及其以上时，防水层均不得施工，因为大风易将尘土或砂粒刮到基层上面，不但影响黏结，还容易刺破防水层。

（4）大气温度对防水层施工质量影响也很大。由于防水材料种类多，性能差异大，施工工艺和方法不同，对气温要求略有不同。气温过低，会影响卷材与基层的黏结力；气温太高，施工操作不便，工人易产生中暑，故气温太高时也不宜施工。

4.1.3　卷材防水层铺贴

1. 卷材防水层铺贴方法

卷材防水层的铺贴方法可分为满粘法、空铺法、条粘法和点粘法等形式，如图4-2所示。

（1）满粘法。满粘法又叫全粘法，即在铺贴防水卷材时，卷材与基层采用全部黏结的施工方法。满粘法是传统的一种施工方法，如过去常用此方法进行石油沥青防水卷材三毡四油叠层铺贴；热熔法、冷粘法、自粘法也常采用将卷材与基层全部黏结进行施工。

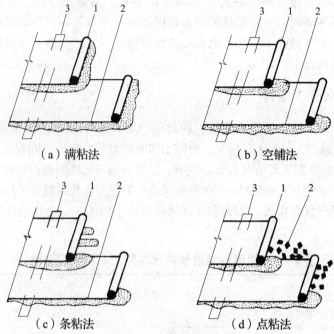

（a）满粘法　　　　　　　（b）空铺法

（c）条粘法　　　　　　　（d）点粘法

图 4 - 2　卷材铺贴方法

1—卷材；2—胶粘剂；3—附加卷材条

当为三毡四油时，由于每层均有一定厚度的玛琋脂满粘，提高了防水性能；但若屋面变形较大或找平层潮湿时，防水层容易开裂、起鼓。因此，满粘法适用于屋面面积较小、屋面结构变形不大、找平层干燥的环境。

（2）空铺法。空铺法是指铺贴防水卷材时，卷材与基层仅在四周一定宽度内贴结，其余部分不黏结的施工方法。铺贴时，应在檐口、屋脊和屋面的转角处及突出屋面的连接处，卷材与找平层应满涂玛琋脂黏结，其黏结宽度不得小于 800mm，卷材与卷材的搭接缝应满粘；叠层铺设时，卷材与卷材之间应满粘。

由于此种方法可使卷材与基层之间互不黏结，减小了基层变形对防水层的影响，有利于解决防水层开裂、起鼓等问题；但是对于叠层铺设的防水层由于减少了一油，降低了防水功能，如一旦渗漏，不容易找到漏点。因此，空铺法适用于基层湿度过大、找平层的水蒸气难以由排汽道排入大气的屋面，或用于埋压法施工的屋面。在沿海大风地区，应慎用，以防被大风掀起。

（3）条粘法。条粘法是指铺贴防水卷材时，卷材与基层采用条状黏结的施工方法。每幅卷材与基层的黏结面不得少于两条，每条宽度不应少于 150mm。每幅卷材与卷材的搭接缝应满粘，当采用叠层铺贴时，卷材与卷材间应满粘。

这种铺贴方法，由于卷材与基层在一定宽度内不黏结，增大了防水层适应基层变形的能力，有利于解决卷材屋面的开裂、起鼓，但这种铺贴方法，操作比较复杂，且部分地方减少了一油，降低了防水功能。因此，条粘法适用于采用留槽排汽不能可靠地解决卷材防水层开裂和起鼓的无保温层屋面，或者温差较大，而基层又十分潮湿的排汽屋面。

（4）点粘法。点粘法是指铺贴防水卷材时，卷材与基层采用点状黏结的施工方法。要求每平方米面积内至少有 5 个粘结点，每点面积不小于 100mm×100mm，卷材与卷材搭接缝应满粘。当第一层采用打孔卷材时，也属于点粘法。防水层周边一定范围内也应与基层满粘牢固。点粘的面积，必要时应根据当地风力大小经计算后确定。

点粘法铺贴，增大了防水层适应基层变形的能力，有利于解决防水层开裂、起鼓等问题，但操作比较复杂，当第一层采用打孔卷材时，施工虽然方便，但仅可用于石油沥青三毡四油叠层铺贴工艺。因此，点粘法适用于采用留槽排汽不能可靠地解决卷材防水层开裂和起鼓的无保温层屋面，或者温差较大，而基层又十分潮湿的排汽屋面。

2. 卷材防水层铺贴方向

屋面防水卷材的铺贴方向应可按照屋面坡度和屋面是否受振动进行确定，屋面坡度小于 3% 时，卷材宜平行于屋脊来铺贴，如图 4-3 所示；屋面坡度为 3%~5% 时，卷材平行或是垂直于屋脊来铺贴；屋面坡度大于 15% 或受振动时，沥青防水卷材宜垂直于屋脊铺贴。高聚物改性沥青和合成高分子防水卷材可平行或垂直于屋脊铺贴，但上下层卷材不得垂直铺贴。

图 4-3　卷材平行于屋脊铺贴

屋面防水卷材铺贴方向的有关上述规定，在兼顾操作可能的条件下主要从屋面防水整体性和水密性来考虑的，即铺贴后屋面能最大限度地达到不渗漏的目的。屋面坡度在 15% 以内时，应尽可能地采用平行于屋脊的方向来铺贴卷材，这样做可以将一幅卷材一铺到底，减少卷材接头。施工工作面越大，越有利于卷材铺贴质量，并最大限度地利用卷材的纵向抗拉强度，一定程度上提高了卷材屋面抗裂能力。由于卷材的搭接缝与屋面的流水方向垂直，使卷材顺流水方向搭接，而不易发生接缝渗漏。当屋面坡度大于 15% 时，因为坡度较陡，平行屋脊铺贴困难，同时夏季高温下沥青卷材易发生流淌，因此更宜采取垂直于屋脊方向铺贴，但高聚物改性沥青防水卷材和合成高分子防水卷材就不受这个限制。上下层卷材不允许相互垂直，是由于铺贴后卷材重叠缝过多，铺贴达不到平整，交叉处不平服，容易发生渗漏。还要注意平行屋脊方向铺贴的卷材在搭接应顺流水方向，垂直屋脊方向铺贴应顺着主导风向搭接。

3. 卷材防水层铺贴顺序

卷材铺贴应按照"先高后低、先远后近"的施工顺序原则。即高低跨屋面，先铺高跨后铺低跨；在等高的大面积屋面，先铺离上料点较远的部位，再铺较近部位，这样在施工操作与材料运输时，完工的屋面防水层就不会受施工人员的踩踏而被破坏。

卷材防水在大面铺贴前，应先做好节点处理，附加层和增强层的铺设，以及排水集中部位的处理。这不仅可以提高工效，而且能确保工程的质量。如嵌填节点部位密封材料，分格缝的空铺条和增强的涂料或卷材层。由屋面最低标高处开始，如檐口、天沟部位，再向上铺设。尤其在铺设天沟的卷材时，宜顺天沟方向铺贴，应从水落口处向分水线方向铺贴，如图4-4所示。

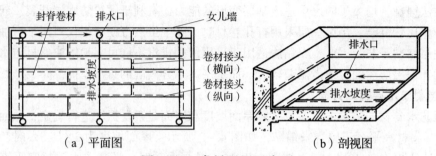

（a）平面图　　　　　　　　　（b）剖视图

图4-4　卷材配置示意图

大面积屋面施工时，为了提高工效以及加强技术管理，可依据屋面面积的大小、屋面的形状、施工工艺顺序、操作人员的数量、熟练程度等因素来划分流水施工段，施工段的界线宜设在屋脊、天沟、变形缝等处，然后按照操作要求和运输安排，最后确定各施工段的流水施工顺序。

4. 防水卷材搭接方法与宽度要求

铺贴卷材应采用搭接法，叠层铺设的卷材、上下层及相邻两幅卷材的搭接缝应错开，如图4-5所示。

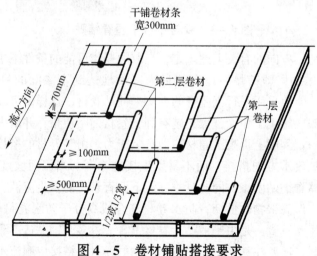

图4-5　卷材铺贴搭接要求

在屋面工程中，平行于屋脊的搭接缝应顺流水方向搭接；垂直于屋脊的搭接缝应顺年最大频率风向（主导风向）进行搭接。叠层铺设的各层卷材，在天沟与屋面的连接处应采用叉接法搭接，搭接缝应错开；接缝宜留在屋面或天沟侧面，不宜留在沟底。坡度超过25%的拱形屋面和天窗下的坡面上，应尽量避免短边搭接，如必须短边搭接时，在搭接处应采取防止卷材下滑的措施。如预留凹槽，卷材应嵌入凹槽并用压条固定密封。屋面工程各种卷材的搭接宽度应符合表4-2的要求。

表 4 – 2 卷材搭接宽度 （mm）

卷 材 类 别		搭 接 宽 度
合成高分子防水卷材	胶黏剂	80
	胶黏带	50
	单缝焊	60，有效焊接宽度不小于 25
	双缝焊	80，有效焊接宽度 10×2＋空腔宽
高聚物改性沥青防水卷材	胶黏剂	100
	自粘	80

高聚物改性沥青卷材和合成高分子卷材的搭接缝宜用与其材性相容的密封材料封严，宽度不应小于 10mm。

4.1.4 沥青防水卷材施工

1. 卷材叠层热施工操作

卷材叠层热粘贴施工，目前只用于传统的石油沥青油毡叠层施工。油毡叠层热施工是先在找平层上涂刷冷底子油，将熬制的玛琋脂趁热浇洒，并立即逐层铺贴油毡于基层，最后在面层浇洒一层热玛琋脂，并随时撒铺绿豆砂保护层。

（1）施工工艺要点。铺贴油毡的基层必须干净、干燥，含水率小于 10%，否则会造成油毡粘贴不牢、卷材起鼓。铺贴油毡前，基层必须涂刷两道冷底子油，并涂刷均匀，不露底，使卷材与基层粘贴牢固。

1）玛琋脂配比要准确，否则会引起耐热度偏高或偏低而导致油毡流淌。另外，熬制玛琋脂的加热温度不应高于 240℃，使用温度不宜低于 190℃。加热温度过高，会使沥青质碳化变脆；过低，则脱水不净。使用温度过低，浇洒玛琋脂过厚，也会造成流淌现象。

2）粘贴油毡的热玛琋脂的厚度每层宜为 1～1.5mm，面层厚度宜为 2～3mm。这关系到加热温度和涂刮工艺，过薄不利于粘贴，过厚则会造成油毡流淌和玛琋脂的浪费。因此，玛琋脂涂刮要均匀，不堆积。

3）天沟、檐沟铺贴油毡，应从沟底开始，纵向铺贴。如沟底过宽，纵向的搭接缝必须用密封材料封口，以保证防水的可靠。

4）油毡端部收头常是油毡防水层破损的一个部位，可将油毡端头裁齐后压入预留的浆将凹槽抹平。这样，可以避免油毡端头翘边、起鼓。

5）在无保温层的装配式屋面上，为避免结构变形而将防水层拉裂，在分格缝上必须采取卷材空铺或加铺附加层空铺。卷材直接空铺，只要在分格缝上涂刷 200～300mm 宽的隔离剂或铺贴离型纸即可。空铺附加层时，要裁剪宽 200～300mm 的油毡条，单边点贴于分格缝上，然后铺贴大面积油毡。

6）油毡保护层的传统做法是铺撒绿豆砂。为使绿豆砂与面层黏结牢固，不易被雨水冲刷掉，绿豆砂要干净、干燥，并预热至 100℃左右，趁面层热玛琋脂浇洒时随铺撒热绿豆砂。

（2）操作工艺顺序。

清理基层→涂刷冷底子油→铺贴附加层油毡→铺贴大面油毡→检查验收→蓄水试验→铺撒绿豆砂保护层。

（3）操作要点。

1）清理基层：将基层清扫干净，如图4-6所示。

2）涂刷冷底子油：一般采用手工涂刷，用棕刷在基层上满刷一道冷底子油，如图4-7所示。涂刷宜在铺油毡前1~2d进行，使冷底子油干燥而又不沾灰尘。

图4-6　清理基层　　　　　　图4-7　涂刷冷底子油

3）铺贴附加层：油毡在平面与立面的转角处、水落口、管道根部铺贴附加层油毡。

4）铺贴大面积油毡：油毡铺贴方法有满铺、花铺等。满铺法是在油毡下满刷沥青胶结材料，全部进行黏结。花铺法适用于在潮湿的基层上铺贴油毡。当保温层和找平层干燥有困难时，可采用花铺法。花铺法的特点是在铺第一层油毡时，不满涂沥青胶结材料，而是采用条刷、点刷，使第一层油毡与基层之间有若干个互相串通的空隙。

铺贴第一层油毡时，在檐口、屋脊和屋面的转角处至少应有800mm宽的油毡满涂沥青胶结材料，将油毡粘牢在基层上。花铺第一层油毡后往上铺第二层或第三层油毡时应采用满铺法。

油毡卷材的长边及短边各种接缝应互相错开，上下两层油毡不许垂直铺贴。采用满铺法时短边油毡搭接宽度为100mm，长边油毡搭接宽度为70mm。采用花铺法时短边搭接宽为150mm，长边搭接宽度为100mm。

垂直于屋脊的油毡，应铺过屋脊至少200mm。

粘贴油毡玛璃脂每层的厚度为1~1.5mm，最厚不超过2mm。采用普通石油沥青胶结材料时，每层厚度不得超过1.5mm。

5）检查验收：油毡防水层铺贴完后，应仔细检查油毡卷材铺贴质量，各层油毡的搭接缝应用沥青胶结材料仔细封严。

6）蓄水试验：屋面蓄水24h无渗漏或淋雨试验不漏水为合格。

7）铺撒绿豆砂保护层：油毡屋面必须铺设保护层。用绿豆砂作保护层，绿豆砂必须清洁、干燥，粒径宜为3~5mm，色浅，耐风化，颗粒均匀。铺设时，应在油毡表面涂刷2~3mm厚的玛璃脂，并将绿豆砂预热，温度宜为100℃，趁热铺撒。绿豆砂必须与玛璃脂黏结牢固，未黏结的绿豆砂应随时清扫干净。

（4）施工注意事项。

1）铺贴油毡不宜在负温下施工。

2）沥青锅附近应备有防火设备，如干砂、铁锹、铁锅盖、灭火器等。

3）运送胶结材料应用加盖的桶和专用车，以免烫伤。

4）施工人员要穿戴工作服、手套，脚上应扎帆布护盖。

5）调制冷底子油，加入溶剂时防止发生火灾。

2. 卷材叠层冷施工操作

卷材叠层冷粘贴工艺，目前可用冷玛瑞脂（溶剂型）粘贴油毡叠层施工方法。它先将冷玛瑞脂涂刷于基层，再铺贴各层油毡，然后在涂刷面层冷玛瑞脂后均匀地铺撒粒料保护层。

施工工艺要点是：粘贴油毡的每层冷玛瑞脂厚度为 0.5 ～ 1mm，面层厚度为 1 ～ 1.5mm。冷玛瑞脂含有溶剂，它的浸润性强，找平层上可不涂刷冷底子油。施工时，须待涂刷的冷玛瑞脂中溶剂部分挥发后才能铺贴油毡，否则，会使油毡产生小泡。

4.1.5　高聚物改性沥青防水卷材施工

1. 热熔法施工

热熔法铺贴改性卷材工艺，是指热熔卷材的铺贴方法。热熔卷材是一种在卷材底面涂有一层软化点较高的改性沥青热熔胶的防水卷材。施工时，将热熔胶用火焰喷枪加热作为胶粘剂，将卷材铺贴于基层，如图 4 - 8 所示。

图 4 - 8　热熔法施工

热熔法施工的主要工具是加热器，国内主要有石油液化气火焰喷枪、汽油喷灯、柴油火焰枪等。石油液化气火焰喷枪是最常用的，有单头和多头，它由石油液化气瓶、橡胶煤气管、喷枪三部分组成。它的火焰温度高，使用方便，施工速度快。

（1）施工要点。

1）热熔法工艺中卷材底面的热熔胶加热程度是关键，加热不足，热熔胶与基层粘贴不牢；过分加热，会使卷材烧穿，胎体老化，热熔胶焦化变脆，不但会造成粘贴不牢，而且会直接影响防水层质量。火焰加热器（喷枪）的喷嘴距卷材面的距离要适中，幅宽内加热要均匀。具体距离尺寸要视施工气温和火焰大小、强度而定，并适当左右移动使幅宽内加热均匀。一般将喷嘴对准基层和卷材底面，使两者同时加热，加热至卷材底面热熔胶熔融呈光亮黑色，这需要熟练的技工来操作。

2）卷材底面热熔胶加热后，随即趁热进行压辊滚压工序。它能排净卷材下空气，并使之粘贴牢固。卷材表面热熔后，应立即滚铺卷材，滚铺时应排除卷材下面的空气，使之平展，不得皱折，并应辊压黏结牢固。

3）热熔卷材铺贴后，搭接缝口一般要溢出热熔胶。搭接部位以溢出热熔的改性沥青为度，并随即刮封接口。接缝口溢出热熔胶，说明加热适中、均匀，滚压粘牢。但溢出过多，也说明加热和滚压过度。所以接缝口部位可以观察到有热熔胶溢出为度。

4）热熔卷材面层常用塑料薄膜层、铝箔层、石屑层，故在搭接弹线宽度内，须加热除去表面薄膜或石屑。加热时，需用一块烫板隔离，以免烧坏不搭接部位卷材的表面，使搭接缝黏结更加可靠。

（2）操作工艺顺序。

清理基层→涂刷基层处理剂→铺贴卷材附加层→热熔铺贴大面防水卷材→热熔封边→蓄水试验→保护层施工→质量验收。

（3）操作要点。热熔法操作要点见表4-3。

表4-3 热熔法操作要点

步　　骤	内容及图示
清理基层	将基层浮浆、杂物等清扫干净  
涂刷基层处理剂	基层处理剂一般为溶剂型橡胶改性沥青防水涂料或橡胶改性沥青胶粘剂。将基层处理剂均匀涂刷在基层上，要求涂层薄厚均匀 

续表 4 - 3

步　骤	内容及图示
铺贴附加层卷材	基层处理剂干燥后，按设计要求在构造节点部位铺贴附加层卷材 
热熔铺贴大面防水卷材	将卷材定位后重新卷好，点燃火焰喷枪（喷灯）烘烤卷材底面与基层的交接处，使卷材底面的沥青熔化，边加热边向前滚动卷材，并用压辊滚压，使卷材与基层黏结牢固。应注意调节火焰的大小和移动速度，以卷材表面刚刚熔化为好（此时沥青的温度在 200～230℃之间）。火焰喷枪与卷材的距离约 0.5m。若火焰太大或距离太近，会烤透卷材，造成卷材粘接，打不开卷；若火焰太小或距离太远，卷材表层会熔化不够，与基层黏结不牢。热熔卷材施工一般由两人操作，一人加热，一人铺毡 
热熔封边	把卷材搭接缝用抹子挑起，用火焰喷枪（喷灯）烘烤卷材搭接处。火焰的方向应与施工人员的方向相反，随即用抹子将接缝处熔化的沥青抹平 

续表 4-3

步 骤	内容及图示
蓄水试验	屋面防水层完工后，应做蓄水试验或淋水试验
保护层施工	上人屋面按设计要求铺方砖或水泥砂浆保护层。不上人屋面可在卷材防水层表面边涂橡胶改性沥青胶粘剂边撒石片（最好先过筛，将石片中的石粉除去），要撒布均匀，用压辊滚压使其黏接牢固。待保护层干透、粘牢后，可将未粘牢的石片扫掉

（4）施工注意事项。

1）热熔卷材防水施工在材质允许条件下，可在-10℃的温度下施工，不受季节限制。雨天、五级风天不得施工。

2）基层应干燥，基层个别稍潮处应用火焰喷枪烘烤干燥，然后再进行施工。

3）热熔施工容易着火，必须注意安全，施工现场不得有其他明火作业。若屋面有易燃设备（如玻璃钢冷却塔），施工必须小心谨慎，以免引起火灾。

4）火焰喷枪或汽油喷灯应设专人保管和操作。点燃的火焰喷枪（喷灯）不准对着人或堆放卷材处，以防造成烫伤或着火。

2. 冷粘法施工

冷粘法铺贴高聚物改性沥青防水卷材，是指用高聚物改性沥青胶粘剂或冷玛琋脂粘贴于涂有冷底子油的屋面基层上，如图4-9所示。

图 4-9 冷粘法施工

冷粘法操作要点见表4-4。

表4-4 冷粘法操作要点

步 骤	内容及图示
基层清理	基层必须平整、清洁、干燥 
弹标线	根据防水工程的具体情况，确定卷材的铺贴顺序和铺贴方向，并在基层上弹出基准线，然后沿基准线铺贴卷材
涂刷基层处理剂	基层处理剂一般是低黏度聚氨酯涂膜防水材料，它的配合比为甲料∶乙料∶二甲苯＝1∶1.5∶3，使用电动搅拌器搅拌均匀，用长把滚刷蘸满后均匀地涂刷于基层表面，不可见白露底，再经过干燥4h以上后，即可进行下一工序的施工；也可用喷浆机喷涂含固量为40%、pH值为4、黏度为0.01Pa·s的阳离子氯丁胶乳，喷涂时要厚薄均匀，再经干燥12h左右后（视温度与湿度而定），才能进行下一工序 
复杂部位增强处理	阴阳角、水落口、通气孔的根部等复杂部位，应该使用聚氨酯涂膜防水材料或常温自硫化的丁基橡胶胶粘带来做增强处理 聚氨酯涂膜防水材料的处理方法是：先将甲料和乙料按照1∶1.5比例搅拌均匀，均匀涂刷于阴阳角、水落口等周围，涂刷宽度应从中心算起约250mm以上、厚度以2mm以上为宜。涂刷固化24h后，才能进行下一道工序的施工
涂刷基层胶粘剂	将氯丁橡胶系胶粘剂（或其他基层胶粘剂）的铁桶打开后，用手持电动搅拌器搅拌均匀，便可进行涂刷基层胶粘剂

续表 4 – 4

步　骤	内容及图示
涂刷基层胶粘剂	1. 卷材表面上涂刷：先将卷材摊铺在平整、干净的基层上（靠近铺贴的位置），用长柄滚刷，均匀涂刷在卷材的背面，不要刷得太薄而导致露底，也不得涂刷过多而导致聚胶。还需要注意搭接缝部位处不得涂刷胶粘剂，留作涂刷接缝胶粘剂用。涂刷后，经静置 10～20m 后，待指触基本不粘手时，便可将卷材用纸筒芯卷好，就可进行铺贴。打卷时，还要防止砂粒、尘土等异物混入； 2. 基层表面上涂刷：用长柄滚刷均匀涂刷在基层处理剂已基本干燥以及洁净的表面上。涂刷时要均匀，切忌在一处反复涂刷，以免将底胶"咬起"。涂刷经干燥 10～20min，指触基本不粘手时，便可铺贴卷材
铺贴卷材	操作时，将刷好基层胶粘剂的卷材抬起，翻过来，先将一端粘贴在预定部位，再沿着基准线向前粘贴。粘贴时，应注意不得将卷材拉伸，要使卷材受拉伸且在松弛的状态下粘贴在基层上，然后用压辊用力向前和向两侧滚压，使防水卷材与基层牢固黏结。也可在涂刷过胶粘剂的卷材圆筒内，插入一根 $\phi30 \times 1500mm$ 的铁管，由两人手持铁管将卷材抬起，一端粘贴在预定部位，再沿着基准线向前进行滚铺  每铺完一幅卷材，应使用干净、松软的长柄压辊从卷材一端顺卷材的横向顺序进行滚压，用以彻底排除卷材黏结层间的空气。排除空气后，卷材平面部位可使用外包橡胶的大压辊来滚压（一般重 30～40kg），使其黏结牢固。滚压时，应从中间向两侧，做到排气彻底  在平面、立面交接处，先粘贴好平面，经转角，由下往上粘贴卷材。粘贴时切忌拉紧，要轻轻沿着转角压紧压实，再往上粘贴。滚压时应从上往下进行，垂直面要用手辊，转角部位要用扁平辊
卷材接缝粘贴	由于搭接缝是卷材防水工程的薄弱环节，必须精心施工。施工时，先在搭接部位的上表面，顺边每隔 0.5～1m 处涂刷上少量接缝胶粘剂，基本干燥后，将搭接部位的卷材翻开，先做临时固定

续表 4 – 4

步　骤	内容及图示
卷材接缝粘贴	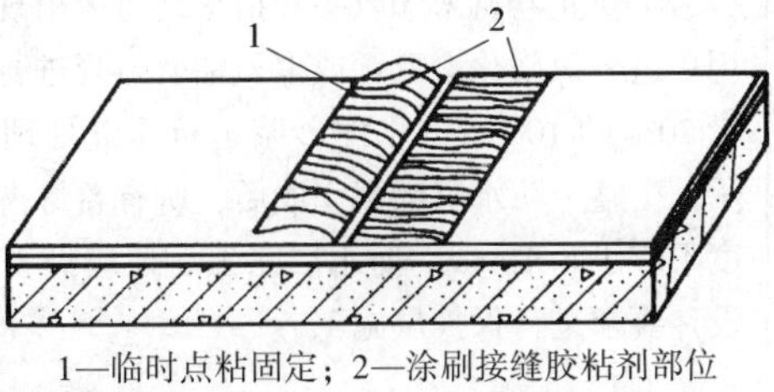 1—临时点粘固定；2—涂刷接缝胶粘剂部位 　　然后，将配制好的接缝胶粘剂用油漆刷均匀涂刷在翻开的两个黏结面上，涂胶量一般以 0.5～0.8kg/m² 为宜。干燥 20～30min 后指触手感不黏时，便可进行粘贴。粘贴时，应先从一端开始，一边粘贴一边驱除其中的空气，然后要及时认真地用手持压辊按顺序辊压一遍，要注意接缝处不允许有气泡或皱折存在    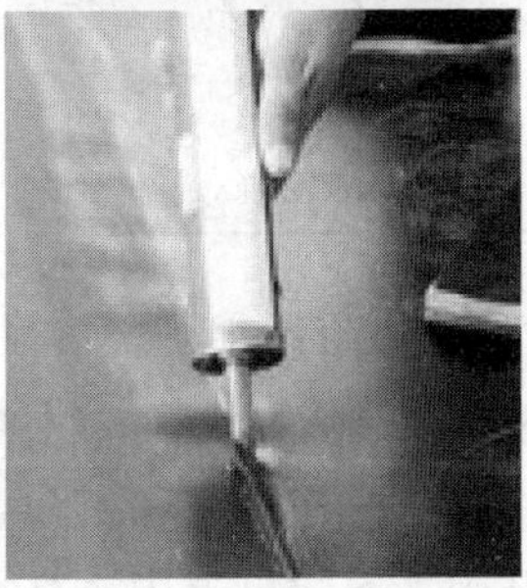 当遇到三层重叠的接缝处，必须填充密封膏进行封闭，否则将会成为渗水路线 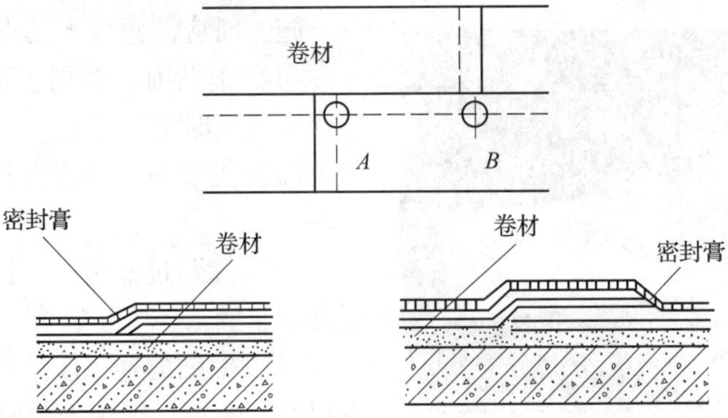

续表 4-4

步　骤	内容及图示
卷材末端收头处理	为了防止卷材末端收头和搭接缝边缘出现剥落或渗漏的现象，所以该部位必须用单组分氯磺化聚乙烯或聚氨酯密封膏进行封闭严密，并在收头处用掺有水泥用量 20% 的 108 胶的水泥砂浆进行压缝处理。几种常见的末端收头处理如下图所示。当整个防水层铺贴完成后，所有卷材搭接缝边应用密封材料严密涂封，其宽度不应小于 10mm。防水层完工后还应做蓄水试验，方法同上述。合格后才可按设计要求进行保护层施工 （a）屋面为墙面　　　　（b）屋面为墙面 （c）屋面与墙面　　　　（d）檐口 1—混凝土或水泥砂浆找平层；2—高分子防水卷材； 3—密封膏嵌填；4—滴水槽；5—108 胶水泥砂浆；6—排水沟

3. 自粘型卷材施工

自粘贴施工是指自粘型卷材的铺贴施工。由于这种卷材在工厂生产时底面涂了一层高性能胶粘剂，并在表面敷有一层隔离纸，使用时将隔离纸剥去，即可直接粘贴，如图 4-10 所示。自粘贴施工一般可采用满粘和条粘方法，采用条粘时，可在不粘贴的基层部位，刷一层石灰水或干铺一层卷材。

图 4-10　自粘法施工

施工时应注意以下几点：

（1）铺贴前，基层表面应均匀涂刷基层处理剂，干燥后应及时铺贴卷材。

（2）铺贴时，应将自粘型卷材表面的隔离纸完全撕净。

（3）铺贴过程中，应排除卷材下面的空气，并滚压黏结牢固。

（4）铺贴的卷材应平整顺直，搭接尺寸准确，不得扭曲、皱折。搭接部位宜用热风焊枪加热，加热后粘贴牢固，随即将溢出的自粘胶刮平封口。

（5）接缝口应用密封材料封严，宽度不应小于 10mm。

（6）铺贴立面和大坡面卷材时，应加热后粘贴牢固。

4. 保护层施工

（1）卷材铺贴完成并经检验合格后，方可进行保护层施工。

（2）保护层可采用浅色涂料，亦可采用刚性材料。保护层施工前应将卷材表面清扫干净。涂料层应与卷材黏结牢固，厚薄均匀，不得漏涂。

如卷材本身采用绿页岩片覆面时，这种卷材防水层不必另做保护层。

5. 高聚物改性沥青防水卷材施工注意事项

高聚物改性沥青防水卷材施工注意事项与沥青防水卷材施工基本相同，所不同的是采用热熔法可在不低于 -10℃ 条件下进行卷材的施工作业。

4.1.6 合成高分子防水卷材施工

1. 三元乙丙防水卷材施工

（1）涂布基层处理剂。一般是将聚氨酯防水涂料的甲料、乙料和稀释剂按重量 1∶2∶3 的比例配合，搅拌均匀，再用长把辊刷蘸取这种混合料，均匀涂刷在干净、干燥的基层表面上。涂刷时不得漏刷，也不应有堆积现象，待基层处理剂固化干燥（一般 4h 以上）后才能铺贴卷材；也可以采用喷浆机压力喷涂含固量为 40%、pH 值为 4、黏度为 10cP（10×10^{-3}Ps·s）的氯丁橡胶乳液处理基层，喷涂时要求厚薄均匀一致，并干燥 12h 时以上，方可铺贴卷材。

（2）涂刷基层胶粘剂。先将与卷材相容的专用配套胶粘剂（如氯丁胶粘剂）搅拌均匀，方可进行涂布施工。

基层胶粘剂可涂刷在基层或涂刷在基层和卷材底面。涂刷应均匀，不露底，不堆积。采用空铺法、条粘法及点粘法时，应按规定的位置和面积涂刷。

1）在卷材表面涂刷胶粘剂。将卷材展开摊铺在平坦干净的基层上，用长把辊刷蘸取专用胶粘剂，均匀涂刷在卷材表面上，涂刷时不得漏涂，也不得堆积，且不能往返多次涂刷。除铺贴女儿墙、阴角部位的第一张起始卷材须满涂外，其余卷材搭接部位的长边和短边各 80mm 处不涂刷基层胶粘剂，如图 4 - 11 所示。涂胶后静置 20 ~ 40min，待胶膜基本干燥，指触不粘时，即可进行铺贴施工。

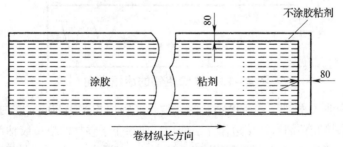

图 4 - 11 卷材涂胶部位

2）在基层表面涂刷胶粘剂。在卷材表面涂刷胶粘剂的同时，用长把辊刷蘸取胶粘剂，均匀涂刷在基层处理剂已干燥和干净的基层表面上，涂胶后静置 20 ~ 40min，待用手指接触基本不粘时，即可进行卷材铺贴施工。

3）铺贴卷材。铺贴卷材时，可根据卷材的配置方案，先用彩粉弹出基准线。第一种方法是将卷材沿长边方向对折成二分之一幅宽卷材，涂胶面相背，如图 4 – 12（a）所示，然后将待铺卷材卷首对准已铺卷材短边搭接基准线，待铺卷材长边对准已铺卷材长边搭接基准线，如图 4 – 12（b）所示；贴压完毕后，将另一半展铺并用压辊将卷材滚压粘牢，如图 4 – 12（c）所示。

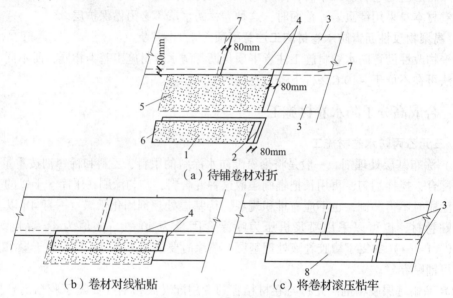

（a）待铺卷材对折

（b）卷材对线粘贴　　　　　（c）将卷材滚压粘牢

图 4 – 12　铺贴卷材方法

1—待铺卷材涂胶；2—待铺卷材卷首；3—已铺卷材；4—长、短边搭接基准线；
5—平层涂胶；6—铺卷材卷尾；7—铺卷材长、短边搭接边；8—压粘牢后的卷材

平面与立面相连接的卷材，应先铺贴平面然后由下向上铺贴，并使卷材紧贴阴角，不应有空鼓的现象存在。施工时要防止卷材在阴角处进行接缝处理，接缝部位必须距离阴角中心 200mm 以上，并使阴角处设有增强处理的附加层。

每铺完一卷卷材后，应立即用干净松软的长把辊刷从卷材一端开始朝横方向顺序用力滚压一遍，如图 4 – 13 所示，以彻底排除卷材与基层之间的空气，使其黏结牢固。

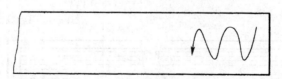

图 4 – 13　排除空气的滚压方向

（3）卷材搭接黏结处理。由于已粘贴的卷材长、短边均留出 80mm 空白的卷材搭接边，因此还要用卷材搭接胶粘剂对搭接边作黏结处理。而涂布于卷材的搭接胶粘剂（如丁基橡胶卷材搭接胶粘剂，其黏结剥离强度不应小于 15N/10mm，浸水 168h 后黏结剥离强度保持率不应小于 80%）不具有可立即黏结凝固的性能，需静置 20～40min 待其基本干燥，用手指试压无粘感时方可进行贴压黏结。这样，必须先将搭接卷材的覆盖边做临时固定，即在搭接接

头部位每隔 1m 左右涂刷少许基层胶粘剂，当接触基本不粘时，再将接头部位的卷材翻开临时黏结固定，如图 4－14 所示。将卷材接缝用的双组分或单组分专用胶粘剂（如为双组分胶粘剂应按规定比例配合搅拌均匀）用油漆刷均匀涂刷在翻开的卷材接头的两个黏结面上，涂胶量一般以 0.5kg/m² 左右为宜。涂胶 20 ~ 40min，指触基本不粘时，即可一边粘合一边驱除接缝中的空气，黏合后再用手持压辊滚压一遍。凡遇到三层卷材重叠的接头处，必须嵌填密封膏后再进行黏合施工，在接缝的边缘用密封材料（如单组分氯磺化聚乙烯密封膏或双组分聚氨酯密封膏，用量为 0.05 ~ 0.1kg/m²）封严，如图 4－15 所示。

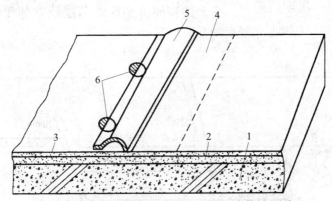

图 4－14　搭接缝部位卷材的临时黏结固定
1—混凝土垫层；2—水泥砂浆找平层；3—卷材防水层；
4—卷材搭接缝部位；5、6—头部位翻开的卷材

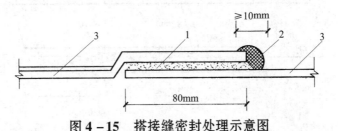

图 4－15　搭接缝密封处理示意图
1—卷材胶粘剂；2—密封材料；3—防水卷材

（4）保护层的施工。保护层的施工用 30mm 厚水泥砂浆或 40mm 厚混凝土覆盖。

2. 氯化聚乙烯－橡胶共混防水卷材施工

氯化聚乙烯－橡胶共混防水卷材施工与三元乙丙橡胶防水卷材基本相同，其不同之处有以下几点：

（1）基层处理剂除可用双组分聚氨酯防水涂料溶液外，亦可采用氯丁胶乳液。

（2）基层胶粘剂可采用专用胶粘剂，用量为 0.4 ~ 0.5kg/m²。

（3）卷材胶粘剂可采用专用胶粘剂，用量为 0.15 ~ 0.2kg/m²。

后两种胶粘剂由生产厂家配套供给，其黏结剥离强度不应小于 15N/10mm，浸水 168h后黏结剥离强度保持率不低于 70%。

（4）由于基层胶粘剂的干燥时间比卷材胶粘剂的干燥时间略慢一些，因此将该两种胶粘剂的涂刷时间错开，利用时间差就能使两者达到的干燥时间一致。这样即可将分步铺

贴的方法改为一步完成，具体方法如下：

1）将待铺贴卷材在铺贴位置折成二分之一幅宽。

2）在卷材表面及相对应的基层表面涂布基层胶粘剂，涂布时搭接边留出250mm宽空白边。

3）待基层胶粘剂涂布完毕，即可涂刷卷材胶粘剂于250mm宽的空白边上，如图4-16（a）所示。

4）待两种胶粘剂静置干燥基本不粘手后，即可铺贴，并排除空气滚压服贴。

5）翻折另外二分之一幅宽，按上述步骤分别涂布基层胶粘剂和卷材胶粘剂，如图4-16（b）所示，待基本干燥后铺贴。

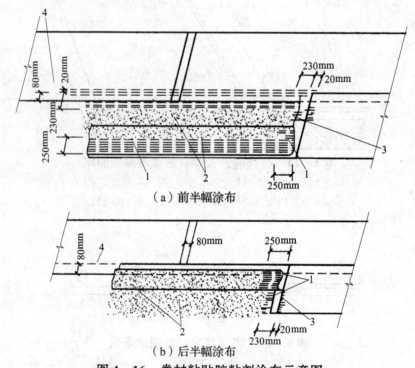

（a）前半幅涂布

（b）后半幅涂布

图4-16 卷材粘贴胶粘剂涂布示意图

1—卷材胶粘剂；2—涂层胶粘剂；3—短边基准线；4—长边基准线

4.2 涂膜防水屋面

4.2.1 涂膜防水屋面的构造

涂膜防水屋面是指在屋面基层上涂刷防水涂料，经固化后形成有一定厚度和弹性的一层整体涂膜，以达到防水目的的一种防水屋面形式，如图4-17所示。适用于屋面防水等级为Ⅲ级、Ⅳ级的工业与民用建筑，亦可作Ⅰ、Ⅱ级屋面多道防水设防中的一道防水层。具体做法根据屋面构造和涂料本身性能要求而定。涂膜防水屋面典型的构造层次如图4-18所示，具体施工根据设计要求来确定层次。

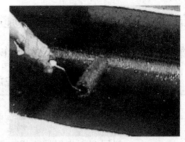

图 4 – 17 涂膜防水屋面

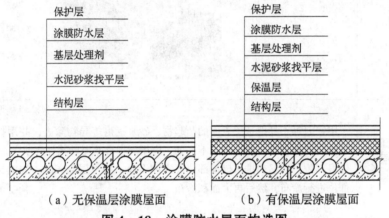

（a）无保温层涂膜屋面　　（b）有保温层涂膜屋面

图 4 – 18 涂膜防水屋面构造图

4.2.2 涂膜防水屋面的施工方法

涂膜防水屋面的施工方法，主要包括抹压法、涂刷法、涂刮法和机械喷涂法。施工方法不同，其适用的范围也各不相同。施工方法与适用范围见表 4 – 5。

表 4 – 5 涂膜防水层施工方法与适用范围

施工方法	具 体 做 法	适 用 范 围
抹压法	涂料用刮板刮平后，待其表面收水而尚未结膜时，再用铁抹子压实抹光	用于流平性差的沥青基厚质防水涂膜施工
涂刷法	用棕刷、长柄刷、圆滚刷蘸防水涂料进行涂刷	用于涂刷立面防水层和节点部位细部处理
涂刮法	用胶皮刮板涂布防水涂料。先将防水涂料倒在基层上，用刮板来回涂刮，使其厚薄均匀	用于黏度较大的高聚物改性沥青防水涂料和合成高分子防水涂料在大面积上的施工
机械喷涂法	将防水涂料倒入设备内，通过喷枪将防水涂料均匀喷出	用于黏度较小的高聚物改性沥青防水涂料和合成高分子防水涂料在大面积上的施工

4.2.3 高聚物改性沥青防水涂料施工

高聚物改性沥青防水涂料施工的操作步骤见表4-6。

表4-6 高聚物改性沥青防水涂料施工的操作步骤

步 骤	内容及图示
基层处理	基层表面应保持干燥、平整、牢固，阴阳角转角处应该做成圆弧或钝角 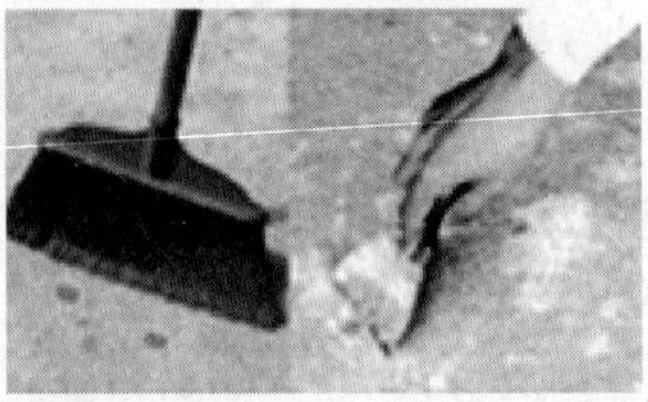
清理找平层	用铲刀等工具把基层表面的凸起物、砂浆疙瘩等异物除去，并用扫帚将尘土杂物彻底清扫干净。对于凹凸不平处，应用高标号水泥砂浆补齐或顺平。对阴阳角、管根部位、地漏和排水口等部位要清理干净。找平层涂布时，先对细部、拐角等部位进行涂布，然后再大面积涂布
涂刷基层处理剂	刷涂时要用力薄涂，使得涂料进入基层表面的毛细孔中，使其与基层牢固结合
细部节点增强处理	在大面积涂布前，应先在屋面细部节点铺贴胎体来增强材料附加层。具体的做法为：先刷一遍涂料，然后加铺胎体增强材料，待干燥后再涂刷一遍涂料。对于水落口与檐沟交接处应先做密封处理，然后加铺两层胎体增强材料，伸入水落口的深度不得少于50mm；对于泛水处，应涂布至女儿墙压顶下；对于分格缝铺设胎体增强材料，宽度宜为200~300mm 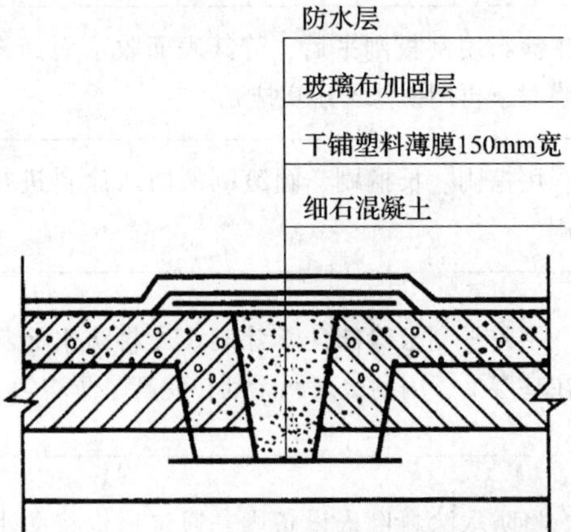 防水层 玻璃布加固层 干铺塑料薄膜150mm宽 细石混凝土 （a）接缝处理

续表 4-6

步　骤	内容及图示
细部节点 增强处理	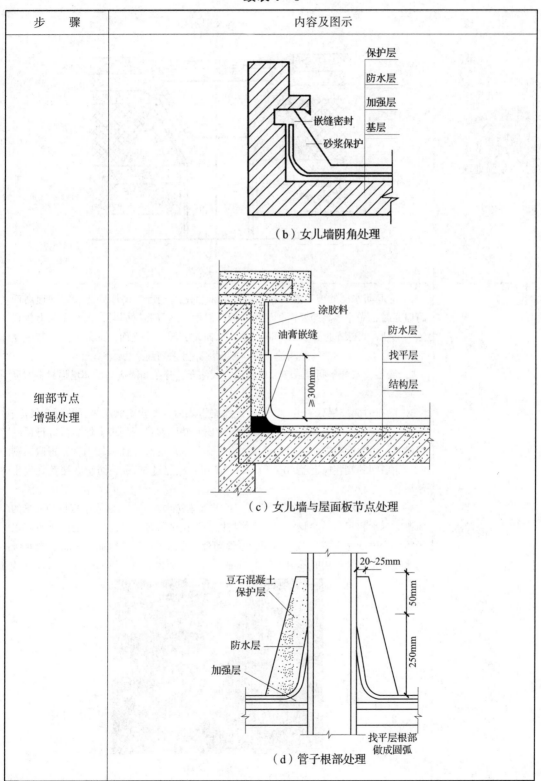

续表 4 – 6

步　骤	内容及图示
细部节点 增强处理	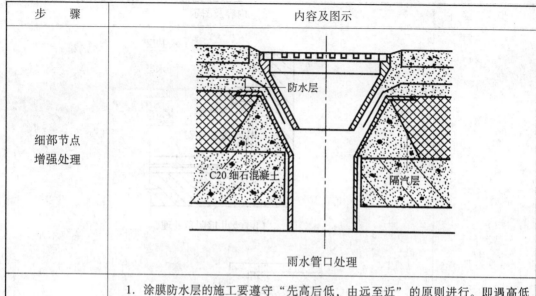 雨水管口处理
大面积涂布	1. 涂膜防水层的施工要遵守"先高后低，由远至近"的原则进行。即遇高低跨屋面时，先涂布高跨屋面，后涂布低跨屋面；遇等高屋面时，先涂布距上料点远的部位，再涂布近处；对于同一屋面涂布时，应先涂立面、细部节点，其中立面涂布宜采用涂刷法，最后涂平面，平面涂布宜采用刮涂法； 2. 涂层应按分条间隔或按顺序倒退方式涂布，分条间隔应与胎体增强材料宽度一致； 3. 涂布时应按层分遍进行。第一遍涂料干燥后，要检查涂层表面是否有气泡、皱折、凹坑、刮痕等缺陷，并对有灰尘杂质和缺陷应进行处理，然后再进行后一遍涂布；每遍涂布方向应相互垂直，来提高防水层的整体性和均匀性；每遍涂刷时，涂层间的接茬应退茬 50 ~ 100mm，接茬时应超过 50mm，防止在接茬处发生渗漏； 4. 涂层厚度是防水质量的关键，一般在涂膜防水施工前，必须根据设计要求的每平方米涂料用量、涂膜厚度及涂料材性，依据试验确定每道涂料的涂刷厚度以及需要涂刷的遍（道）数。高聚物改性沥青防水涂膜厚度不得低于3mm，在Ⅲ级防水屋面上复合使用时不得小于 1.5mm  手工抹压涂刷

在图示中标注：防水层、C20 细石混凝土、隔汽层

续表 4 –6

步　骤	内容及图示
大面积涂布	 涂刷均匀 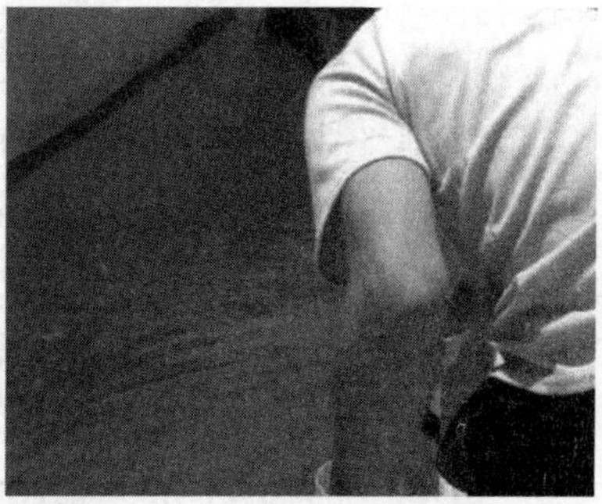　　　　　　　　表面平整
铺贴胎体 增强材料	1. 当屋面坡度大于 15% 时，垂直屋脊铺设，从屋面最低标高处开始向上铺设；坡度小于 15% 时，平行屋脊铺设； 　2. 进行铺贴应选用在涂布第二遍涂料的同时或在第三遍涂料涂布前。前者为湿铺法，也就是边涂刷防水涂料边铺贴胎体增强材料同时用滚刷滚压；后者为干铺法，即待前一遍涂层干燥后，将胎体增强材料直接铺设，并用橡胶刮板在其表面均匀满刮一道防水涂料； 　3. 胎体增强材料可是单一品种，也可混合使用玻纤布与聚酯毡。即上层采用玻纤布，下层使用聚酯毡。铺布时，不宜拉伸过紧，否则干燥成膜时，会出现较大的收缩；也不宜过松，否则会出现皱折，涂膜易失去防水能力； 　4. 胎体增强材料质地柔软，易变形，无大风时，宜采用干铺法施工。但渗透性较差的涂料与较密实的胎体材料一起使用时不宜采用此法； 　5. 胎体增强材料长边搭接不少于 50mm，短边不少于 70mm，搭接缝应顺着流水方向或历年最大频率风向（即主导风向）。采用二层胎体增强材料时，铺贴时不得互相垂直，且搭接缝应错开，其错开间距应大于 1/3 幅宽 
做保护层	1. 保护层的涂膜应在涂布最后一遍防水涂料的同时进行，即涂布防水涂料时要均匀撒布细砂等粒料； 　2. 如若使用浅色涂料做保护层时，应在涂膜干燥后进行涂布； 　3. 涂膜防水作为屋面面层时，不宜使用着色剂类保护层，可选用铺面砖等做刚性保护层

续表 4 – 6

步　　骤	内容及图示
密封处理	1. 为防止收头部位发生翘边现象，所以均使用密封材料封边，封边宽度不得小于10mm； 2. 收头处的胎体增强材料需裁剪整齐，如有凹槽时应压凹槽内，用密封材料嵌填密实，不得出现翘边、露白和皱折等现象
检查验收	1. 涂膜防水层施工结束后，需全面检查，确保不存在任何缺陷； 2. 在涂膜干燥后，应清理干净与防水层黏结不牢且多余的细砂等粉料

4.2.4　合成高分子防水涂料施工

1. 清理基层

先用铲刀等工具将基层表面的凸起物、砂浆疙瘩等异物铲除，并用扫帚将尘土杂物彻底清扫干净。对于凹凸不平处，用高标号水泥砂浆补齐顺平。阴阳角、管根、地漏和排水口等部位要做到认真清理。

2. 涂膜施工

可采用喷涂或刮涂施工的方法。当采用刮涂施工时，要注意每遍刮涂的推进方向与前一遍相互垂直。

（1）喷涂施工。

1）调至涂料达到施工所需黏度，装入贮料罐或压力供料筒中，关闭开关。要注意的是涂料的稠度要适中，太稠不便施工，太稀则遮盖力差，影响涂层厚度且容易流淌。

2）打开空气压缩机并调节，使空气压力达到喷涂压力。

3）喷涂作业时，手握喷枪要稳，喷枪出口应与被涂面垂直，喷枪移动方向应与喷涂面平行。喷枪运行速度要适宜，且需保持一致，一般为 400 ~ 600mm/min。喷嘴与被涂面的距离一般应控制在 400 ~ 600mm，以便喷涂均匀。

4）不需喷涂的部位要用纸或其他物体将其遮盖，以免过程中受污染。

5）喷涂行走路线如图 4 – 19 所示。喷枪移动的范围不宜太大，一般情况下直线喷涂800 ~ 1000mm 后，拐弯 180°向后喷下一行。根据施工情况可选择横向或竖向往返喷涂。

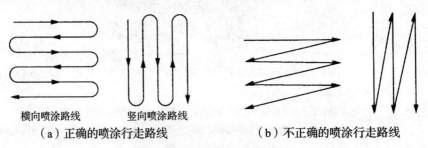

横向喷涂路线　　　竖向喷涂路线
（a）正确的喷涂行走路线　　　　　（b）不正确的喷涂行走路线

图 4 – 19　喷涂行走路线图

6）喷涂面的搭接宽度，这里说的是第一行与第二行喷涂面的重叠宽度，一般应控制在喷涂宽度的 1/3～1/2，以便涂层厚度均匀一致。

7）一般每一涂层要求二遍成活，横向竖向各喷涂一遍，两遍喷涂的时间间隔由防水涂料的品种及喷涂厚度而定。

8）如遇到喷枪喷涂不到的地方，应用油刷刷涂。

（2）刮涂施工。

1）防水涂料使用之前，应搅拌均匀。为了增强防水层与基层的结合力，可选在基层上先涂刷一遍基层处理剂。若使用某些渗透力强的防水涂料时，可以不涂刷基层处理剂。

2）刮涂时应用力按刀，使其与被涂面的倾斜角为 50°～60°，且要用力均匀。

3）涂层厚度的控制可预先在刮板上固定铁丝（或木条）或在屋面上做好标志。铁丝（或木条）的高度要与每遍涂层厚度一致。一般需刮涂 2～3 遍，总厚度为 4～8mm。

4）刮涂时注意只能来回刮 1～2 次，不可往返多次刮涂。遇有圆形、菱形基面，可用橡皮刮刀进行刮涂。

5）为了加快施工进度，也可采用分条间隔施工，先批涂层干燥之后，再抹后批空白处。分条宽度一般为 0.8～1.0m，以便抹压操作，并与胎体增强材料宽度保持一致。

6）前一遍涂料完全干燥后，便可进行下一遍涂料施工。一般以脚踩不粘脚、不下陷（或下陷能回弹）为准，便可进行下一道涂层施工，干燥时间不宜少于 12h。

7）当涂膜有气泡、皱折水平、凹陷、刮痕等现象时，应立即进行修补，然后才能进行下一道涂膜施工。

（3）收头处理。所有涂膜收头均要用密封材料压边封固，压边宽度不得小于 10mm。收头处使用胎体增强材料应裁剪整齐，如遇凹槽应压入凹槽，不得有翘边、皱折、露白等缺陷。泛水处宜直接涂布至女儿墙的压顶下，压顶上部也要做防水处理，避免泛水处或压顶的抹灰层开裂而使屋面渗漏。

（4）做保护层。涂膜防水作为屋面面层时，一般不宜采用着色剂类保护层，应铺面砖等刚性保护层。保护层的涂膜应在涂布最后一遍防水涂料的进行。对于水乳型防水涂料层上撒布细砂等粒料时，撒布后要立即滚压，才能够使保护层与涂膜黏结牢固。当采用浅色涂料做保护层时，要在涂膜干燥或固化后进行涂布。

4.2.5 聚合物水泥防水涂料施工

1. 基层及特殊部位要求、处理

（1）基层的要求。聚合物水泥防水涂料施工时，屋面基层应平整、干净，无孔隙、起砂和裂缝，无尖锐角、明水、油污。

（2）界面处的要求。所有阴阳角以及管道根部等两面交接处，均应做成圆弧形，阴角直径应大于 50mm，阳角直径应大于 10mm。

（3）特殊部位的处理。特殊部位的处理与高聚物改性沥青防水涂料施工时处理相同。

2. 配料与搅拌

（1）涂料的比例。防水涂料一般是由生产单位在出厂前，按桶装液料和袋装粉料的质量比例配套出厂，每个生产单位选用原料性能不同，考虑配套包装出厂方便等因素，所以出厂的液料与粉料质量比例会有所不同。目前市场常见液料与粉料的比例有 10：10 和 10：7。施工时，应有专人按规定的质量比例在现场混合配料。用于基层处理剂（或称打底料）的涂料含固量相对低些，下层、中层和上层涂料的含固量相对高些。

（2）配制基层处理剂。基层处理剂含固量较低，一般在规定液料和粉料比例的条件下，在现场加入洁净水稀释。水的添加量根据基层干燥和潮湿程度适当调节，主要是调整防水涂料的稠度。

假设产品按照液料：粉料质量比为 10：10 出厂，在现场施工时，建议配制基层处理剂质量比宜为液料：粉料：水 = 10：10：20；配制下层、中层和上层防水涂料时，建议配制防水涂料质量比宜为液料：粉料：水 = 10：10：0 ~ 4。

（3）彩色涂料的配制。涂料一般为白色，如需要彩色，在上层涂料中可加入中性无机颜料或色浆（如氧化铁红等无机颜料，无机颜料相对有机颜料不鲜艳，但耐老化性好，保色时间长）以形成彩色涂层，建议配制彩色涂层涂料的质量比宜为液料：粉料：颜料：水 = 10：10：0.1 ~ 1：0 ~ 4。

如采用粉状颜料，一般将其配在粉料部分中；如采用水性色浆，可直接加入液料部分中。加入颜料或色浆的量，往往通过小样调试好后，再根据小试结果确定的比例，施工时只需将液料和粉料按配比要求称量拌和即可，然后进行大批配制彩色涂料施工。

（4）不同施工面的涂料加水。斜面、顶面或立面施工时应不加水或少加水，以免涂料流淌，不易达到规定厚度。平面烈日下施工时应适量增加水，以保证涂膜平整，防止涂膜水分蒸发过快，涂膜出现裂纹。

（5）涂料配制操作。按产品说明书规定的液料与粉料质量比例，搅拌时，先将液料倒入搅拌桶中（如需加水，先往液料中加水），然后在手提搅拌器不断搅拌下，将粉料徐徐加入其中，再将整体涂料充分、彻底搅拌均匀为止，一般搅拌时间不少于 5min，最后搅拌至物料呈浆状、无颗粒为止。

3. 涂布

（1）基层的处理。聚合物水泥防水涂料为水系涂料，应在基层潮湿、无明水条件下施工。如果基层干燥，应先将基层润湿后，再进行基层处理剂的施工。其具体施工方法及要求与水乳型高聚物改性沥青防水涂料方法基本相同。

（2）节点的处理。先将泛水、伸缩缝、檐沟等节点等铺设胎体增强材料处理好，屋面转角及立面薄涂多遍，涂层收头处反复多遍涂刷，确保黏结强度和周边密封好。保证不出现漏涂、流淌和堆积现象，待节点附加层干燥成膜、质量合格验收后，即可进行大面涂布。

（3）大面防水层施工。大面防水层施工时也应多遍涂布，每遍涂布应在前遍固化后再进行下遍涂布，否则涂料底层水分被封固在上层涂膜下不能及时蒸发，而且后一遍涂布时容易将前一遍涂膜破坏，形成起皮、起皱现象，破坏涂膜整体性。夏季涂布时，涂层固化间隔时间相对短些，固化快。因环境湿度大、通风差或温度低，涂层固化间隔时间和涂料可使用时间就会长些。各层之间的间隔时间以前一道涂层干固不粘为准，每层必须涂布均匀。

配制好的涂料，在使用时应随时搅拌均匀，以免沉淀。

（4）不加无纺布施工顺序。按打底层→下层→中层→上层的顺序逐层施工。打底层用料量：0.2～0.3kg/m²；下层、中层和上层用料量：每层分别为0.7～0.9kg/m²。总用料量在1.6～2.1kg/m²时，涂膜厚度约为1mm；当总用料量在2.3～3.0kg/m²时，涂膜厚度约为1.5mm。

（5）加胎体增强材料涂层的施工顺序。按打底层→下层→无纺布→中层→上层的顺序逐层施工。铺设胎体增强材料时，宜将布幅两边每隔1.5～2.0m间距各剪15mm的小口，以利铺贴平整。铺好的胎体增强材料如发现皱褶、翘边和空鼓时，应用剪刀将其剪破，进行局部修补，使之完整。下层、无纺布和中层应连续施工，分条进行时，每条宽度应与胎体增强材料的宽度相一致，以免操作人员踩坏刚涂好的涂层。涂料浸透胎体，胎体铺贴应平整，覆盖完全，不得有胎体外露气泡等现象，涂料黏结牢固。

打底层用料量：0.2～0.3kg/m²；下层和中层用料量：0.6～0.7kg/m²；上层用料量：0.7～0.9kg/m²。总用料量在2.1～2.6kg/m²时，涂膜厚度约为1.5mm。最上面的涂层厚度不应小于1.0mm。

（6）涂布要求。按照工程设计要求逐层施工，涂布时可采用刮涂、滚涂或刷涂。涂布要与基面结合紧密、均匀，不得有气泡，每遍涂刮推进方向应与前一遍相互垂直、交叉进行，通过多次涂刮使涂层之间密实，直至涂刮到规定的涂层厚度。每遍涂层用料量不得过大、涂层过厚。如果每遍涂布过厚，当涂层固化后，易在涂层表面出现裂纹，当防水层厚度不够时，可加涂一层或数层。

根据工程设计方案的要求，在整体性很好的基面上，可使用无布四涂和无布六涂的工法。在重要建筑物防水工程中，还可设计二布七涂的工法。一般来说，不论使用薄型胎体增强布还是厚型加胎体增强布，确保单位面积的用料量是保证工程质量的关键因素之一。

实际施工当中，利用聚乙烯丙纶卷材防水层与聚合物水泥防水涂料共同构成屋面防水层也是一种成功的施工方法。它是在聚乙烯丙纶卷材防水层施工后，在其卷材防水层上，直接涂布聚合物水泥防水涂料。

4. 保护层施工

聚合物水泥防水涂膜虽然比聚氨酯防水涂膜具有较好耐老化性，但不耐碰撞和冲击，通常也需做增加耐老化性能、耐冲击保护层。聚合物水泥防水涂料本身易与水泥砂浆黏结，可在其涂膜层上直接抹刮。如屋面女儿墙防水层及天沟、檐沟部位的保护层，待涂层固化后，直接抹刮水泥砂浆保护层。为了更加方便施工，聚合物水泥防水涂膜和聚氨酯防水涂膜的也可在涂布最后一遍防水涂料后，立即撒上干净细砂，这些细砂粘牢在防水涂膜上，起到与保护层连接的作用。

4.3 刚性防水屋面

4.3.1 刚性防水屋面一般要求

1. 屋面结构层板缝刚柔结合处理

（1）刚性防水屋面的结构层宜为整体现浇的钢筋混凝土。刚性防水屋面的坡度宜为2%～3%，并应采用结构找坡。

（2）当屋面结构层采用装配式钢筋混凝土板时，应用强度等级不小于 C20 的细石混凝土灌缝，灌缝的细石混凝土宜掺微膨胀剂。当屋面板板缝宽度大于 40mm 时，板缝内必须设置构造钢筋，板端缝应进行密封处理。

（3）细石混凝土防水层与结构层宜设隔离层。

（4）刚性防水层与出墙、女儿墙以及突出屋面结构的交接处均应做柔性密封处理。

（5）防水层的细石混凝土宜掺外加剂，如膨胀剂、减水剂、防水剂等，并必须用机械搅拌和机械振捣。刚性防水层应设置分格缝，分格缝必须嵌填密封材料。

2. 材料要求

（1）防水层的细石混凝土宜用普通硅酸盐水泥或硅酸盐水泥；用矿渣硅酸盐水泥时应采取减小泌水性的措施。水泥标号不宜低于 425 号。不得使用火山灰质水泥。

水泥储存时应防止受潮，存放期不得超过 3 个月，否则必须重新检验确定标号。

（2）防水层内配置的钢筋宜采用冷拔低碳钢丝。

（3）防水层细石混凝土使用的膨胀剂、减水剂、防水剂等外加剂，应根据不同品种的适用范围、技术要求选定。外加剂应分类保管，不得混杂，并应存放于阴凉、通风、干燥处。运输时应避免雨淋、日晒和受潮。

（4）防水层的稀释混凝土和砂浆中，粗骨料的最大粒径不宜超过 15mm，含沙量不应大于 1%；细骨料应采用中砂或粗砂，含量不应大于 2%；拌和用水应采用不含有害物质的洁净水。

（5）块体刚性防水层使用的块材应无裂纹、无石灰颗粒、无灰浆泥面、无缺棱掉角，质地密实、表面平整。

4.3.2　屋面混凝土防水层施工

1. 普通细石混凝土刚性防水层施工

普通细石混凝土防水层适用于无保温层的装配或整体浇筑的钢筋混凝土屋盖，如图 4 - 20 所示。

图 4 - 20　细石混凝土防水层施工

（1）基层处理。做刚性防水屋面的基层时，为现浇钢筋混凝土屋盖，它的强度、钢筋的规格、数量、位置应符合要求，混凝土结构的施工质量需达到检验评定标准。钢筋混凝土屋盖要有足够的刚度且挠曲变形在允许的范围之内。同时结构表面无较大的裂缝出现，上表面应平整、干净，排水坡度应符合相关设计要求。

（2）板缝处理。浇灌板缝细石混凝土之前，要清理干净板缝，将其浇水充分湿润，并用强度等级不超过 C20 的细石混凝土灌缝，并插捣密实。采用木板条（或小角钢）吊支底模，以防止板缝漏浆。将微膨胀剂掺入灌缝的细石混凝土中，以确保灌缝的混凝土与缝壁连接紧密同时可以提高结构层的整体刚度。

（3）隔离层施工。在细石混凝土防水层与结构层之间必须加设隔离层，用以减少结构变形、温差变形对防水层的影响。隔离层的施工方法虽有多种，但要起到隔离作用，这与操作工艺密切相关的。隔离层的施工应注意以下几点：

1）隔离层施工要在水泥砂浆找平层养护 1～2d 后，即当表面有一定强度、能上人操作时进行。

2）石灰黏土砂浆是一种低强度材料，配合比为石灰膏: 砂: 黏土 =1:2.4:3.6。先将基层洒水湿润，且不可积水，然后铺抹厚为 10～20mm 的石灰黏土砂浆，抹平压光后充分养护，等砂浆基本干燥、手压无痕后，才可进行下道工序，石灰砂浆配合比一般为石灰膏: 砂 =1:4。

3）细砂隔离层厚度宜控制在 10mm 以内。要注意铺开刮平，并拍打或辊压密实。在其上面还要平铺一层卷材或铺抹纸筋灰、石灰砂浆等。若在砂垫层上直接浇捣混凝土，砂土易嵌入混凝土中，影响隔离效果。操作时，一般采取退铺法，即铺一段细砂后，再立即铺抹灰浆（灰浆厚度为 10～20mm）。上灰时要用铁锹轻轻铲放，铺时平压平抹，不得横推砂子，而使其砂子推动成堆。铺抹砂浆后若表面干燥过快，收缩裂缝过大时，要及时洒水并再次压光。

4）纸筋灰或麻刀灰隔离层要在防水层施工前 1～2d 进行，厚度为 5～7mm。要求将纸筋灰或麻刀灰均匀地抹在找平层上，抹平压光。在基本干燥后，应立即进行防水层施工，以免因隔离层遇水而被冲走。

5）还可采取干铺油毡的做法。施工时，直接铺放油毡在找平层上，卷材间接缝要用沥青黏结，表面上要涂刷两道石灰水和一道掺加 10% 水泥的石灰浆。若不刷浆，在夏季高温时卷材易发软，使沥青浸入防水底面粘牢而失去隔离效果。另外，也可采用塑料布作为隔离层材料，其实践效果也是十分理想的。

（4）分格缝设置。应将细石混凝土防水层分格缝的位置设在屋面转折处、面板的支撑端、屋面与突出屋面结构的交接处，且要与屋面结构层的板缝对齐。这是为了防止因温差影响，而致使混凝土干缩、结构变形等因素造成的防水层裂缝，将其集中到分格缝中，防止防水层板面开裂。基于工业建筑柱网以 6m 为模数，而民用建筑开间大多数也不小于6m，分格缝间距不应大于6m。处理分格缝的方法，缝宽宜为 20～40mm，缝中应嵌填背衬材料，缝内要嵌填密封材料，上铺贴防水卷材，如图 4-21、图 4-22 所示。

（5）细部做法。

1）细石混凝土防水层与天沟、檐沟的交接处要留有凹槽，且要用密封料封严，如图4-23 所示。

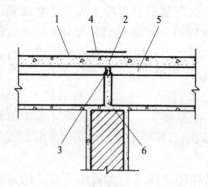

图 4 – 21　分格缝的构造（一）

1—刚性防水层；2—密封材料；3—背衬材料；
4—防水卷材；5—隔离层；6—细石混凝土

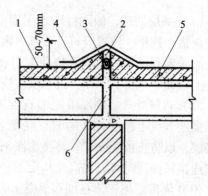

图 4 – 22　分格缝构造（二）

1—刚性防水层；2—密封材料；3—背衬材料；
4—防水卷材；5—隔离层；6—细石混凝土

2）刚性防水层与山墙、女儿墙交接处应留有宽 30mm 的缝隙，并用密封材料封严；泛水处应铺设卷材或涂膜附加层。涂膜采用多遍涂刷，且收头至压顶下，如图 4 – 24 所示。

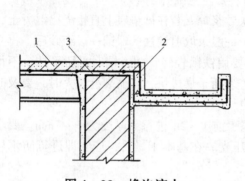

图 4 – 23　檐沟滴水

1—刚性防水层；2—密封材料；3—隔离层

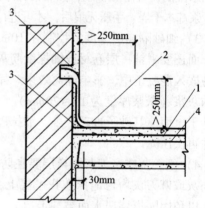

图 4 – 24　泛水构造

1—刚性防水层；2—防水卷材或涂膜；
3—密封材料；4—隔离层

3）刚性防水层与变形缝两侧墙体交接处应留有宽 30mm 的缝隙，并用密封材料封严；泛水处应铺设卷材或涂膜附加层，涂膜采用多遍涂刷，且收头至压顶下；变形缝中应填充泡沫塑料或沥青、麻丝，在上面填放衬垫材料，并用卷材封盖，顶部加扣混凝土盖板或金属盖板，如图 4 – 25 所示。

4）伸出屋面管道与刚性防水层交接处应留有缝隙，并用密封材料封严，还要加设柔性防水附加层，收头应固定密封，如图 4 – 26 所示。

（6）细石混凝土制备。细石混凝土要按照防水混凝土的要求配制。若根据一般结构混凝土方法配制，易造成渗漏。一般要求每 1 立方米混凝土水泥最小用量不应少于 330kg，灰砂比应为 1:2 ~ 1:2.5，含砂率为 35% ~ 40%，坍落度以 3 ~ 5cm、水灰比不大于 0.55 为宜。采用操作工艺机械搅拌、机械振捣，来提高混凝土的密实度。

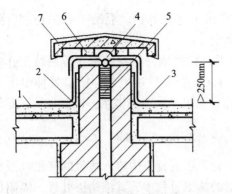 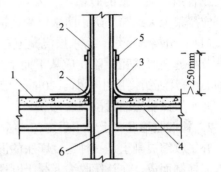

图 4-25　变形缝构造　　　　图 4-26　伸出屋面管道防水构造

1—刚性防水层；2—密封材料；3—防水卷材；　　1—刚性防水层；2—密封材料；

4—衬垫材料；5—沥青麻刀；　　　　　　　　3—卷材（涂膜）防水层；4—隔离层；

6—水泥砂浆；7—混凝土盖板　　　　　　　　5—金属箍；6—管道

（7）细石混凝土浇筑。屋面细石混凝土要从高处向低处进行浇筑，在 1 个分格缝中的混凝土必须一次性完成，严禁留设施工缝。盖缝式分格缝上边的反口直立部分也要同时浇筑。混凝土从搅拌机出料到完成浇筑时间不宜超过 2h，过程中，应防止混凝土的分层、离析。若出现分层离析现象就要重新搅拌后使用。屋面上用手推车运输时，在已绑扎好钢筋的屋面上不得直接行走。此时，必要时需架设运输通道，避免压弯钢筋。用手推车运送混凝土时，要先将材料倒在铁板上，不得在屋面上直接倾倒混凝土，要用铁锹铺设在屋面上。用浇灌斗吊运混凝土时，倾倒高度不应大于 1m，不得过于集中，宜分散铺撒在屋面上。混凝土下料时，要注意钢筋间距和保护层的准确性。

（8）振捣。细石混凝土防水层应尽可能采用平板振捣器振捣，以振捣至表面泛浆为基准。在分格缝处，要两边同时推铺振捣，以避免模板变位。在浇捣过程中，要用 2m 靠尺实时检查，并将表面刮平，以便于表面抹压。

（9）表面处理。表面处理混凝土振捣泛浆后，要及时用 2m 刮尺将表面刮平，然后用铁抹子抹平压实，确保表面平整，且达到排水要求。抹压时，如遇提浆有困难，就表明水泥用量过少或搅拌不均匀，振捣不够，此时要调整配合比或检查施工办法。严禁任意洒水，加铺水泥砂浆或撒干水泥进行压光。原因是这样做只能使混凝土表面产生一层浮浆，其硬化后内部与表面的强度很不一致，极易出现面层的收缩龟裂、脱皮现象，防水层的防水效果便会降低。当混凝土初凝后，要取出分格缝的模板，并及时修补分格缝的缺损部分，使之平直、光滑；此时面层要用铁抹子进行第二次压光。必要时，待混凝土终凝前还要进行第三次压光。压光时应依次进行，不留抹痕。这样可以保证防水层表面密实度，可以封闭毛细孔，提高抗渗性。

（10）养护。由于养护细石混凝土防水性能好坏，主要取决于养护质量。混凝土浇筑后，防水混凝土由于早期脱水，会干缩而引起混凝土内部裂缝，使其抗渗性大幅度降低。为了避免混凝土早期裂缝，故应在 12～24h 后立即养护，养护时间不小于 14d。养护方法可采取淋水、覆盖锯末、砂、草帘、涂刷养护剂，也可覆盖塑料薄膜等，使之保持潮湿。若条件允许可采用蓄水养护，即在檐口等低处围堵一定高度的黏土、低筋灰或低标号砂浆，或者围堵黏土砌的砖墙等，灌 40～50mm 深水来进行养护。混凝土养护初期，强度低，应严禁上人踩踏，防止防水层受到损坏。

（11）分格缝嵌填。防水层混凝土养护后，即可做嵌填分格缝的密封等后续工作。盖缝式分格缝还要盖瓦，盖瓦应从下而上进行，用混合砂浆单边坐浆，檐口处伸出不小于30mm，每片瓦搭接尺寸不小于 30mm。盖瓦时切忌双边坐浆或满坐浆，以避免盖瓦黏结过牢，防水层热胀冷缩时拉裂盖瓦。

2. 补偿收缩混凝土防水层施工

补偿收缩混凝土是一种适度膨胀的混凝土，它是在混凝土中掺入适量的膨胀剂或用膨胀水泥拌制而成。在补偿收缩混凝土刚性防水层的施工过程中，其结构层处理、隔离层施工及分格缝嵌填等工艺要求与普通细石混凝土刚性防水层相同。

（1）拌制补偿收缩混凝土。补偿收缩混凝土原材料要求及配合比设计与普通混凝土相同。配制补偿收缩混凝土的各种原材料按重量计算。各种材料应按配合比准确称量，误差不得大于 1%。膨胀剂掺量一般为水泥的 10%～14%。采用混凝土膨胀剂拌制混凝土时材料的加入顺序为：石子→砂→水泥→膨胀剂→干拌 30s 以上→水。搅拌时间长短应以膨胀剂均匀为准，一般加水后的连续搅拌时间不应少于 3min。

（2）浇捣防水层混凝土。每个分格板块内的补偿收缩混凝土应一次浇筑完成，严禁留施工缝。混凝土铺平后，用平板振动器振实，再用滚筒碾压数遍，直至泛浆。振捣要均匀、密实、不过振、不漏振。混凝土收水后，用铁抹子将表面抹光，次数不得少于两遍。

补偿收缩混凝土的凝结时间一般比普通混凝土略短，因此，其搅拌、运输、铺设、振捣和碾压、收光等工序应紧密衔接，拌制好的混凝土应及时浇捣。补偿收缩混凝土的施工温度以 5～35℃为宜，施工时应避免烈日暴晒。低温施工时要保证浇灌温度不低于 5℃，浇灌完毕待混凝土稍硬后，及时覆盖塑料薄膜或湿草帘以保温、保湿。

（3）补偿收缩混凝土养护。补偿收缩混凝土必须严格控制初始养护时间，浇捣完毕及时用双层湿草包覆盖。常温下浇筑 8～12h，低温下浇筑 24h 后即浇水养护，养护时间不少于 14d。有条件的地区在夏季施工时宜采用蓄水养护。补偿收缩混凝土不宜长期在高温下养护，这是由于混凝土中的钙矾石结晶体会发生晶性转变，使混凝土中的孔隙率增加、强度下降、抗渗性降低。因此，补偿收缩混凝土的养护及使用温度均不应超过 80℃。

3. 预应力混凝土防水层施工

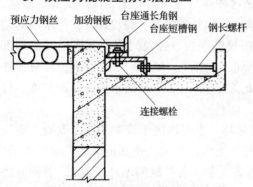

图 4－27　型钢组合台座安装示意

预应力混凝土防水层施工技术与细石混凝土防水屋面在基本上是一致的，只是增加了安装台座、张拉预应力钢丝、剪丝和拆除台座等几道工序。

（1）张拉台座安装。其安装可采用型钢做预应力张拉台座，嵌固在天沟内；也可用钢木组合台座，将台座固定在檐口圈梁上。型钢组合台座安装如图 4－27 所示。安装时，先按@600mm 放置好台座短槽钢，穿入长螺杆后拧紧螺母，稍稍顶住天沟外壁再铺设通

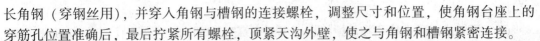

长角钢（穿钢丝用），并穿入角钢与槽钢的连接螺栓，调整尺寸和位置，使角钢台座上的穿筋孔位置准确后，最后拧紧所有螺栓，顶紧天沟外壁，使之与角钢和槽钢紧密连接。

（2）张拉预应力筋。钢线一端穿入固定端，并用锥形锚具锚固，另一端通过张拉端锚固孔。穿钢丝时要先穿长向钢丝（在下），后穿短向钢丝，保持相互垂直排列。然后安装调整校正好的测力器，将钢丝一端经锥形锚环插入张拉器的夹具，按照先长向后短向的顺序将手动液压张拉器张拉。当张拉值达到要求后，用锥形锚具固定张拉端钢丝，完毕后应按要求检查张拉应力值，如发现不足时应重新张拉。

（3）混凝土制备与浇筑。此处同普通细石混凝土刚性防水层。

（4）拆模、剪丝。拆模工序要在混凝土终凝前进行，轻轻敲打以取下模条时，由两端均匀垂直将木条取出，若拉坏应要及时修补好，当最后混凝土强度达到设计强度的70%后，依据对称剪丝、间隔剪断、先里后周边的原则将钢丝剪断，不可非对称剪丝，以免产生不均匀的弹性压缩。

（5）拆除台座。剪丝后即可拆除张拉台座，并用聚合物砂浆或防锈漆将四周钢丝端头封抹。

4. 钢纤维混凝土防水层施工

因钢纤维混凝土防水屋面具有良好的抗裂性能，可防止混凝土防水层开裂，屋面的整体防水性能提高；因其具有较好的极限抗拉强度，有助于适应屋面结构变形的要求；因其与预应力混凝土防水屋面相比，施工较简单，不需要很多的施工设备。

（1）钢纤维混凝土的砂率宜为 40% ~ 50%；水灰比宜为 0.45 ~ 0.50；混凝土中的钢纤维体积率宜为 0.8% ~ 1.2%；每立方米混凝土的水泥和掺和料用量宜为 360 ~ 400kg。

（2）钢纤维混凝土宜采用普通硅酸盐水泥或硅酸盐水泥。其中细骨料宜采用中粗砂；粗骨料的最大粒径宜为 15mm，且不大于钢纤维长度的 2/3。

（3）钢纤维的长度宜为 25 ~ 50mm，长径比宜为 40 ~ 100，直径宜为 0.3 ~ 0.8mm。其表面不得有妨碍钢纤维与水泥浆黏结的杂质，且钢纤维内的粘连团片、表面锈蚀及杂质等不应超过钢纤维质量的 1%。

（4）钢纤维混凝土的配合比要经试验确定，其称量偏差不得超过表 4 - 7 规定：

表 4 - 7　钢纤维混凝土配合比称量偏差

项　目　名　称	偏　差　值	项　目　名　称	偏　差　值
钢纤维	±2%	水泥或掺和料	±2%
粗、细骨料	±3%	水	±2%
外加剂	±2%	—	—

（5）钢纤维混凝土的搅拌宜采用强制式搅拌机，当钢纤维体积率较高或拌和物稠度较大时，一次搅拌量不宜大于额定搅拌量的 80%；宜先将钢纤维、水泥、粗细骨料干拌1.5min，再加入水湿拌，或是采用在混合料拌和在过程中加入钢纤维拌和的方法。搅拌时间应比普通混凝土延长 1 ~ 2min。

（6）钢纤维混凝土拌和物要求拌和均匀，颜色一致，不得出现离析、泌水、钢纤维结团现象。

（7）钢纤维混凝土拌和物从搅拌机卸出到浇筑完毕的时间间隔不宜超过 30min；运输中要尽量避免拌和物离析，若产生离析或坍落度损失，严禁直接加水搅拌，可加入原水灰比的水泥浆进行二次搅拌。

（8）钢纤维混凝土浇筑时，要确保钢纤维分布的均匀性和连续性，并用机械振捣密实。每个分格板块的混凝土要一次性浇筑完成，不可留施工缝。

（9）钢纤维混凝土振捣后，要先将混凝土表面抹平，待收水后再二次压光，混凝土表面不得有钢纤维露出。

（10）钢纤维混凝土防水层应设有分格缝，分隔缝纵横间距不宜大于 10m，其内要用密封材料嵌填密实。

（11）钢纤维混凝土防水层的养护时间不宜少于 14d，且在养护初期屋面不得上人。

4.3.3　屋面块体刚性防水层施工

1. 块体刚性防水层构造

块体刚性防水层构造如图 4 – 28 所示。

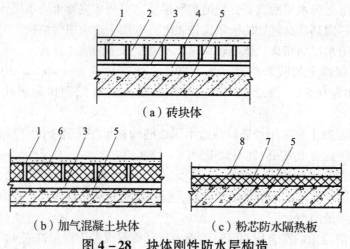

（a）砖块体

（b）加气混凝土块体　　（c）粉芯防水隔热板

图 4 – 28　块体刚性防水层构造

1—防水砂浆面层；2—平铺黏土砖垫层；3—防水砂浆底层；4—找平层；5—结构层；
6—100 厚加气混凝土块；7—粉芯防水隔热板；8—30 厚 C20 细石混凝土保护层

2. 黏土砖块体防水层施工

（1）铺设底层防水水泥砂浆。

1）铺设砂浆前将结构层或找平层表面浇水湿润，但不得积水。

2）在湿润的基层上铺设 20 ~ 25mm 厚的 1:3 防水水泥砂浆，要求：铺实、铺平、厚薄一致、连续铺抹，不得留施工缝。砂浆中宜掺入 2% ~ 5%（水泥用量）的专用防水剂，用机械搅拌，随拌随用，防水剂称量必须准确。

（2）铺砌砖块体。

1）黏土砖为直行平砌，并与板缝垂直，砖的长边宜为顺水流方向，不得采用人字形铺砌。

2）铺砌砖块体时，先试铺并做出标准点，然后根据标准点挂线，顺线砌砖，以使砖铺砌顺直。

3）砖缝宽度为 12～15mm，在铺砌时应适当用力下压砖，使水泥砂浆挤入砖缝内的高度为 1/3～1/2 砖厚，砖缝中过高过满的砂浆应及时刮去。

4）铺砌后一排砖时，要与前一排砖错缝 1/2 砖。砖块表面应平整。

5）砖块体铺砌应连续进行，中途不宜间断，当必须间断时，继续施工前应将接缝处砖侧面的残浆清除干净。

6）底层砂浆铺设后，应及时铺砌砖块体，防止砂浆干涩，黏结不牢。

（3）砖块体及底层砂浆养护。砖块体在铺设后，在底层砂浆终凝前 1～2d，严禁上人踩踏，防止损坏底层水砂浆或使块体松动。

（4）灌缝、抹水泥砂浆面层、压实、收光。

1）面层及灌缝用 1:2 水泥砂浆，掺入 2%～3% 防水剂，拌制时水灰比控制在 0.45～0.5 之间，用机械进行搅拌，随拌随用。

2）待底层砂浆终凝 1～2d 后，将砖面适当喷水湿润，将砂浆刮填入砖缝，要求灌满填实，然后抹面层，面层厚度不小于 12mm。

3）面层砂浆分两遍成活：第一遍将砖缝填实灌满，并铺抹面层，用刮尺刮平，再用木抹子拍实搓平，并用铁抹子紧跟压头遍。待水泥砂浆开始初凝（上人踩踏有脚印但不塌陷）时，用铁抹子进行第二遍压光，抹压时要压实、压光，并要消除表面气泡、砂眼，做到表面光滑、无抹痕。

（5）面层砂浆养护。面层砂浆压光 12～24h 后（视气温和水泥品种而定），即应进行养护。养护方法可采用上铺砂、草袋洒水保湿的一般方法，有条件时应尽量采用蓄水养护，养护时间不得少于 7d，养护期间不得上人踩踏。

（6）施工注意事项。

1）砖在使用前应浇水湿润或提前一天浸水后取出晾干。铺砌时应灰浆饱满。

2）抹面层砂浆前一定要洒水润湿砖面，防止面层砂浆空鼓。

3）砖块体刚性防水层与山墙、女儿墙及突出屋面结构的交接处，应按细石混凝土刚性防水层的做法进行柔性防水处理。

4）块体刚性防水层表面平整度应达到规定要求，保证屋面坡度正确，不出现积水现象。

5）在抹面层时，应搭铺脚手板或垫板，不得在已铺砌的砖块体上走车或整车倒灰。

3. 黏土薄砖防水层施工

（1）施工准备。

1）选砖。黏土薄砖规格约为 290mm×290mm×15mm，防水层用砖应选择规格统一、无龟裂、无砂眼、无缺棱掉角、火候适中的砖铺砌在最上面一皮，其余砖可用来铺砌下面一皮（双皮构造）。

2）清扫。把砖表面的粉状物清扫干净，以免因粉状物的存在而与砂浆黏结不牢，产生空鼓使防水层漏水。

3）浸水。黏土薄砖在铺砌前，必须先放入水中浸透，即没入水中至无气泡逸出为止，取出风干备用。

（2）铺底层砂浆。

1）弹线。在铺设的基层上，按照所选的黏土薄砖规格，四周预留 10~15mm 宽的砖缝，打格、弹线、找方。相邻两砖应错缝 1/2 砖。

2）润湿。铺砌的基层必须清扫干净，并洒水润湿，使砂浆能与基层黏结牢固，不得有积水。

3）铺砂浆。在润湿的基层上倒铺 M2.5 混合砂浆，用刮尺平铺摊平并拍实，铺浆厚度为 15~40mm，根据坡度而定。如坡度已找好，厚度宜控制在 30mm，双皮构造的上皮砖砂浆可再薄些。包括方砖在内，一般单皮构造厚为 50mm，双皮构造厚约为 80mm。

（3）铺贴黏土薄砖。底层砂浆铺设完毕后，应及时铺砌黏土薄砖，防止时间间隔过长使砂浆干涩而影响黏结。

1）在铺砌前，应先在砂浆上"抖砖"，即用手拿住砖的一角，在砂浆上抖动，让砖底面全部"吃浆"，使砖铺砌后与砂浆黏结更牢。

2）"抖砖"完毕后，在该铺的位置上将黏土薄砖铺砌就位。就位时应使砖平整顺直，相邻两砖错缝 1/2 砖，砖四周留缝 10~15mm 宽。

3）砖就位后，用手掌平压砖的中部，或用木槌轻轻敲击，使砖面均匀下沉至要求平面，相邻两砖高差不得超过 2mm。铺贴完成后及时把砖缝上溢出的砂浆刮平。

4）防水层设计为双皮构造时，在第一皮砖铺贴后可上人操作时，再按上述要求铺贴第二皮黏土薄砖，第二皮砖应骑缝铺砌。

（4）填缝、勾缝。最上一皮砖铺贴 24h 后即可进行填缝、勾缝工作。勾缝前砖缝要洒水湿润，勾缝用 1:1:3 混合砂浆，稠度为 80~120mm，先将砂浆填入缝内，然后将表面压平压光，并将多余灰浆清扫干净，及时做好养护工作。

4.4 接缝密封防水屋面

4.4.1 施工准备

1. 技术准备

（1）编制施工进度计划。根据施工进度计划的要求和规定的施工工期、质量要求，确定本工序的施工方案及所需的材料、施工人员的类型和数量，编制本工序作业指导计划。

（2）检查与基层处理。检查黏结基层的表面情况、干燥程度以及接缝的尺寸是否与设计相符，是否符合施工要求。对于不符合要求的基层要进行处理。

1）接缝基层要求。基层应具备一定的强度、刚度和稳定性，基层表面应密实、平整、干净、干燥。对于有蜂窝、麻面、起皮和起砂基层表面，要进行处理，处理达到施工要求后进行下一步的施工；接缝尺寸应符合设计要求，宽度和深度沿缝应均匀一致；在使用溶剂型或反应固化型密封材料时，基层必须彻底干燥，一般水泥砂浆找平层完工后 10d 后，接缝才可嵌填密封材料，并且施工前必须晾晒干燥；如在砖墙处嵌填密封材料，砖墙宜用水泥砂浆抹平压光，否则因黏结能力低，容易造成渗水通道。

2）基层处理内容。基层处理是指对结构层板缝、水落口杯、檐口、天沟、泛水卷材收头、刚性防水层等节点部位有妨碍密封防水的水分、浮浆浮渣、砂浆、铁锈、油渍等物质进行清除，以达到密封防水的效果。基层处理的内容包括：清除铁锈、涂料、油渍。

①检查板缝的深度：先根据设计要求确定板缝深度，用直尺检查，将接缝深度控制在设计要求范围内。如深度过大用细石混凝土浇筑。

②检查接缝宽度：在搁置结构板时将接缝控制在一定范围内，通常为20mm左右。

③测定基面水分，当表面含水较大时，可用水分仪测定，并且待其干燥后再施工。

④蜂窝麻面的处理：先将出现蜂窝麻面的地方用锥子敲掉，直至混凝土密实部分为止；再将所有的浮渣清扫干净，用水冲净，然后再用聚合物水泥砂浆进行找平。

⑤表面出现浮渣浮浆的处理：先用锥子敲打或用钢丝刷擦出黏附物，再清除浮渣，最后用甲苯清洗界面，如果范围比较大，宜用刷缝机对界面处理。

⑥反碱处理：用1% ~3%稀盐酸清洗后，再用甲苯对界面清洗一次。

3）基层处理方法。对于施工基层表面附着物及被黏结体材质不同，可以分别采取擦洗、铲除，必要时可用溶剂擦等不同的方法进行处理。

2. 材料准备

施工前应先检查采购的密封胶是否符合规范要求，熟悉供应方提供的储存、混合、使用条件和使用方法及安全注意事项。

（1）密封材料的准备。按设计图纸要求选择相应的密封材料；购置的密封材料在入库前应进行抽样检查；施工用密封材料应计算准确，避免浪费。

（2）底涂料的选用。底涂料起着提高黏结强度的作用。一般除按设计要求准备密封材料外，必须根据密封膏生产厂家提供的底涂料配套使用，以确保密封膏与基层黏结良好。

（3）辅助材料。

1）背衬材料。背衬材料是一种与密封材料不黏结或黏结性较差的材料，利用其压缩复原性好，不吸水，不膨胀，不会与密封材料黏结，对密封材料无影响的特点，达到节约密封材料和避免密封材料漏入到接缝底的目的，常用的背衬材料是聚乙烯闭孔泡沫体。

2）隔离条。隔离条的作用与背衬材料是一致的，但隔离条用于接缝深度较浅的地方，常见的隔离条有聚酯条和聚乙烯泡沫条等。

3）防污纸、防污条。防污纸、防污条是由一种压敏性不干胶制作而成，主要作用是保持界面不被密封膏污染，注意防污纸、防污条恰当地黏结，并及时地清理，避免除去时粘在黏结面上。

4）清洗溶剂。主要用于清洗界面上的杂质和使用工具施工完毕后的清洗。

（4）配料和搅拌。采用双组分密封材料，必须将甲、乙组分按规定的配合比准确配料并搅拌均匀后，才能使用；搅拌方式分为人工搅拌和机械搅拌两种。

3. 施工工具准备

（1）基层处理工具：平铲、钢丝刷、泥子刀、小锥子等。

（2）基层清理工具：扫帚、吹风机、皮老虎、小毛刷等。

（3）基层涂层处理常用工具：溶剂用容器、溶剂用刷子面纱。

（4）嵌填密封膏用的常用工具：嵌填泥子刀、嵌缝手动挤出枪、嵌填电动挤出枪。

（5）切割背衬材料和密封膏筒及填塞背衬材料用的工具：小刀、木条；搅拌工具。

4．其他准备

（1）施工人员现场施工安排和组织：检查接缝尺寸与设计尺寸是否一致，发生缺陷和外表面裂缝时及时处理。

（2）气候条件：密封材料严禁在雨、雪天施工，五级及以上大风不得施工。

4.4.2　施工技术要求

1．嵌填背衬材料

背衬材料的使用主要用于控制密封膏嵌入深度以确保两面黏结，同时可以使密封材料与底部基层脱开，从而使密封材料能够有较大的自由伸缩，提高其变形能力。将其设置在接缝的底部，一般应选择与密封材料不黏结或黏结性能差的材料，如聚乙烯闭孔泡沫体、沥青麻刀等。

（1）隔离条设置。背衬材料的大小一般地应根据接缝宽度和深度来确定。若接缝深度为最小深度时，此时只能用隔离条。背衬材料与隔离条的作用是一样的。

1）一般隔离条的设置。将其设置在接缝的最底端，充填整个接缝的宽度，如图4-29所示。

2）伸出屋面管道根部隔离条的设置。由于伸出屋面管道根部受温度应力的影响，容易产生起鼓现象，宜在根部设置"L"形隔离条，如图4-30所示。

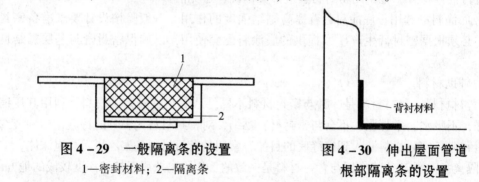

图4-29　一般隔离条的设置
1—密封材料；2—隔离条

图4-30　伸出屋面管道
根部隔离条的设置

（2）背衬材料嵌填施工。将背衬材料先加工成与接缝宽度和深度相符合的形状（或选购多种规格的背衬材料），然后压入到接缝里。嵌填时要注意密实，表面平整，不留任何空隙。背衬材料如为圆形的，其直径应大于接缝宽度1~2mm；背衬材料如为方形，应与接缝宽度相同或稍微小于接缝宽度1~2mm；若为较浅接缝，为最小深度时，则可使用扁平的隔离垫层隔离；如果接缝具有一定错动的三角形，应将在三角形转角处粘贴背衬材料来密封，如图4-31所示。如使用的是隔离条，也应将其大小制作成与接缝一般大，然后嵌填在其中，施工时应注意下面几点：

1）嵌填要密实，不可以留任何空隙。

2）施工完后，为了不造成应力集中，表面要求基本平整。

3）隔离条厚度要均匀，大小要合适。

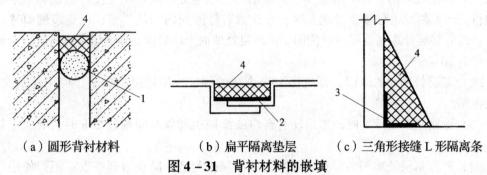

（a）圆形背衬材料　　（b）扁平隔离垫层　　（c）三角形接缝 L 形隔离条

图 4 - 31　背衬材料的嵌填

1—圆形背衬材料；2—扁平隔离条；3—L 形隔离条；4—密封材料

2. 铺设遮挡胶条

遮挡胶条有两个作用：一是在施工中防止被黏结体两侧的表面被密封材料污染，以保持被黏结体表面美观以及密封材料整齐；二是完成密封材料施工，表面干燥后，被黏结体表面做装饰喷涂时，遮挡胶条还可起到密封材料的防护条的作用，防止密封材料受到损坏或污染。选用遮挡胶条时应注意以下几个方面：

（1）遮挡胶条应为黏结性适中的材料。不能因为黏结性太差而与被黏结面黏结不牢，也不能因黏结性太强而在施工完后撕不下。

（2）遮挡胶条应具备一定的强度，能经受撕拉，而不致中途拉断。

（3）遮挡胶条厚度不宜太厚，以便在复杂接缝处折叠。

（4）使用的黏结剂不应扩散到被黏结面上，使受到污染，影响美观。

遮挡胶条粘贴时，要与接缝边缘的距离应适中，既不应贴到缝中去，也不宜离接缝距离过大，如图 4 - 32 所示。遮挡胶条在密封材料刮平后，应立即揭去。尤其是在高气温时，若时间过长，遮挡胶条胶粘剂易渗透到被黏结面上，使遮挡胶条不易揭去，并造成污染。

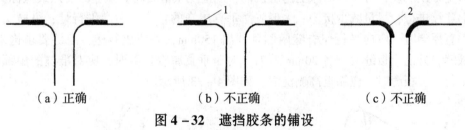

（a）正确　　　　　（b）不正确　　　　　（c）不正确

图 4 - 32　遮挡胶条的铺设

1—离接缝边过远；2—贴到接缝内

3. 涂刷基层处理剂

基层处理剂涂刷前，必须全面地严格检查接缝处，待全部符合要求后，再涂刷基层处理剂。基层处理剂可从市场购配套材料或密封材料稀释剂。基层处理剂的使用目的是提高密封材料与黏结体之间的黏结性，对于表面疏松、强度低的黏结体，当基层处理剂渗透进去，不但可提高面层强度，还可防止水泥砂浆中的碱性成分的析出。涂刷基层处理剂应注意下列问题：

（1）基层处理剂分为单组分和双组分两种。双组分的配合比需按产品说明书中的规定执行。当配制双组分基层处理剂时，要注意有效时间内的使用量，以免多配而造成浪费。单组分基层处理剂要摇匀后使用。待基层处理剂干燥后应立即嵌填密封材料，干燥时间一般为 20 ~ 60min。

（2）基层处理剂的涂刷，要选用大小合适的刷子，使用过的刷子，应用溶剂洗净，以便再用。

（3）涂刷基层处理剂时，如出现有露白或涂刷后间隔时间超过 24h 时，则应重新涂刷一次。

（4）贮存基层处理剂的容器应密封，用后加盖封严，防止溶剂挥发；不得使用已过期、凝聚的基层处理剂。

4. 密封材料嵌缝

（1）热灌法施工。

1）采用热灌法工艺施工的密封材料，需要在现场塑化或加热。加热设备可用塑化炉；也可在现场搭砌炉灶，选用铁锅或铁桶加热。加热时，要先将热塑性密封材料放入锅中，装锅容量以达到 2/3 体积为宜。先用文火慢慢加热，使其熔化，并随时搅拌，保持锅内材料升温均匀，以避免锅底材料温度过高而老化变质。

2）加热时，要注意过程中的温度变化，可用 200 ~ 300℃ 的棒式温度计测量温度。具体方法是：将温度计插入锅中心液面下 100mm 左右，并不断搅动，至温度计停止升温时，便可测得锅内材料的温度。加热温度一般为 110 ~ 130℃，不得超过 140℃。若是没有温度计时，温度控制以锅内材料液面发亮，且不再起泡，并略有青烟冒出为准。加热到规定温度后，应立即进行浇灌，浇灌时的温度不宜低于 110℃，若运输距离较长时，应采用保温桶运输。

3）屋面坡度较小时，可使用特制的灌缝车或塑化炉灌缝，用以减轻劳动强度，提高工效。对于檐口、山墙等节点部位，灌缝车无法使用或灌缝量不大时，可采用鸭嘴壶浇灌。为了方便清理，可在桶内涂上薄层机油，洒上少量滑石粉。灌缝时要从最低标高处开始向上连续进行，尽量减少接头。一般先灌垂直屋脊的板缝，后灌平行处；纵横交叉处，在灌垂直屋脊时，应向平行屋脊缝两侧延伸出 150mm，并留成斜槎；灌缝要求饱满，略高出板缝，并浇出板缝两侧各 20mm 左右。对于垂直屋脊板缝时，应对准缝的中部浇灌；对于平行屋脊板缝时，应靠近高侧浇灌，如图 4 – 33 所示。

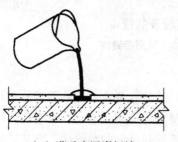

（a）灌垂直屋脊板缝　　　　（b）灌平行屋脊板缝

图 4 – 33　密封材料热灌法施工

4）灌缝时溢出两侧的多余材料，可回收利用，将其同容器内清理出的密封材料一起，可重新加热使用，并一次加入量不能超过新材料的10%。灌缝完毕后要及时检查密封材料与接缝两侧面的黏结是否良好，有无气泡。若发现有脱开现象和气泡，应用喷灯或电烙铁烘烤后压实。

（2）冷嵌法施工。

1）冷嵌法施工一般采用手工操作，或用泥子刀或刮刀嵌填，较为先进的有采用电动或手动嵌缝枪进行嵌填的。用泥子刀嵌填时，将密封材料先用刀片刮到接缝两侧的黏结面，然后用密封材料填满整个接缝。嵌填时应注意不让空气混入，并要嵌填密实饱满。嵌填前可先将刀片在煤油中蘸一下，来避免密封材料粘在泥子刀片上。

2）用挤出枪施工时，需按照接缝的宽度选用合适的枪嘴。若使用的是筒装密封材料，可把包装筒的塑料嘴斜切开作为枪嘴嵌填时，要将枪嘴移动到已嵌填好的密封材料内重复填充，并以移动方向倾斜一定角度，边挤边以缓慢均匀的速度移动，使密封材料从底部充满整个接缝处，如图4-34所示。

3）嵌填接缝的交叉部位时，可先填充一个方向的接缝，再把枪嘴插进交叉部位已填充的密封材料内，填好另一方向的接缝，如图4-35所示。嵌填密封材料衔接部位，应在已嵌好的密封材料固化前进行。嵌填时，要将枪嘴移动到已嵌填好的密封材料内重复填充，以确保衔接部位的密实饱满。填充接缝端部时，只需填到离顶端200mm处，然后从顶端向已填好的方向填充，保证接缝端部密封材料与基层黏结牢固。

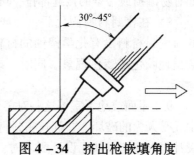

图4-34 挤出枪嵌填角度
与移动方向

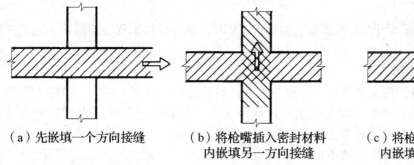

（a）先嵌填一个方向接缝　　（b）将枪嘴插入密封材料　　（c）将枪嘴插入密封材料
　　　　　　　　　　　　　　　内嵌填另一方向接缝　　　　　内嵌填另一方向接缝

图4-35 交叉接缝的嵌填

4）若接缝尺寸太大，宽度超过30mm，或接缝底部呈圆弧形时，最好采用二次填充法嵌填，亦即待先填充的密封材料固化后，再进行第二次填充，如图4-36所示。

5）为了确保密封材料的嵌填质量，要趁嵌填完的密封材料未干之前，用刮刀压平与修整。应稍用力压平，朝与嵌填时枪嘴移动相反的方向进行移动，切忌来回揉压。压平后，即用刮刀朝压平的反方向缓慢刮压一遍，保证密封材料表面平滑。

6）压平整修完毕后，应及时揭除遮挡胶条。若在接缝周围沾有密封材料或留有遮挡

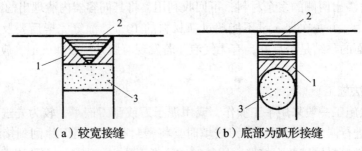

（a）较宽接缝　　　　　　（b）底部为弧形接缝

图4-36　二次嵌填密封材料

1—第一次嵌填；2—第二次嵌填；3—背衬材料

胶条胶粘剂的痕迹，应选用相应的溶剂擦净。在清洗过程中要注意溶剂损坏接缝中的密封材料。

7）嵌填完毕的密封材料需养护2~3d，在养护期内，注意不得碰损或污染密封材料。如有易碰损或污染的接缝部位，可用胶木板挡住或粘贴防污胶条来保护。

8）在密封材料固化后，一般不宜作饰面。若考虑整体色彩必须进行饰面时，应选取对密封材料没有化学侵蚀的材料，并且在太阳曝晒、风吹雨淋等不利环境条件下也不会出现咬色或变色现象。同时，饰面材料也应有一定的柔韧性，能与密封材料的胀缩相适应。

9）屋面或地下室等这些对美观要求不高的接缝，为了避免密封材料直接暴露于空气中或受人为的破坏，并延长密封材料的使用寿命，一般会在密封材料表面作保护层，并按设计要求施工。如无设计要求时，可使用密封材料稀释剂作涂料，衬加一层胎体增强材料，做成一布二涂的涂膜保护层，其宽度为200~300mm。

4.4.3　冬期施工

当室外平均气温低于8℃或最低气温低于5℃时，密封材料工程施工应按冬期施工措施进行。

1. 冬期施工步骤

收集气象资料，制定冬期施工计划→做好材料的选购、入库、保管、出库等准备工作→确定密封工程的开工、竣工日期→计算每天施工材料用量，做好当日备料当日用完→嵌填背衬材料和贴防污带，刷底涂料→抽样检查。由于冬期施工温度较低，密封材料固化时间短，因此每次嵌填不应太多，而且嵌填完后马上用泥子刀将其压平、压紧，使密封材料和界面黏结牢固，然后做好保护层，揭去防污带，凡不合格部分应重新施工。

2. 冬期施工要求

（1）检查基层是否干燥、干净。

（2）检查混凝土及其他界面的质量，凡被冰冻疏松的界面和不合格的界面严禁施工。

（3）安排熟练的操作工人，选好施工时的天气，大风、雨、雪、冰冻天不能施工。

（4）准备好施工后防冻保暖的草袋或砂；不能直接加热升温的密封材料可准备好水浴法。

4.5 屋面细部构造防水

1. 檐口

（1）卷材防水屋面檐口 800mm 范围内的卷材应满粘，卷材收头应采用金属压条钉压，并应用密封材料封严。檐口下端应做鹰嘴和滴水槽（见图 4−37）。

（2）涂膜防水屋面檐口的涂膜收头，应用防水涂料多遍涂刷。檐口下端应做鹰嘴和滴水槽（见图 4−38）。

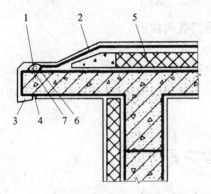

图 4−37　卷材防水屋面檐口细部构造
1—密封材料；2—卷材防水层；3—鹰嘴；
4—滴水槽；5—保温层；6—金属压条；
7—水泥钉

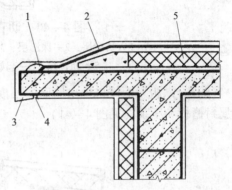

图 4−38　涂膜防水屋面檐口涂膜收头
1—涂料多遍涂刷；2—涂膜防水层；
3—鹰嘴；4—滴水槽；5—保温层

（3）烧结瓦、混凝土瓦屋面的瓦头挑出檐口的长度宜为 50~70mm（见图 4−39）。

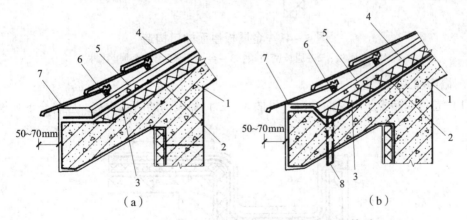

（a）　　　　　　　　　　　　　（b）

图 4−39　烧结瓦、混凝土瓦屋面檐口收头构造
1—结构层；2—防水层或防水垫层；3—保温层；4—持钉层；5—顺水条；
6—挂瓦条；7—烧结瓦或混凝土瓦；8—泄水管

（4）沥青瓦屋面的瓦头挑出檐口的长度宜为 10~20mm；金属滴水板应固定在基层上，伸入沥青瓦下宽度不应小于 80mm，向下延伸长度不应小于 60mm（见图 4−40）。

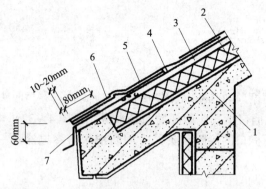

图 4 - 40　沥青瓦屋面檐口收头构造

1—结构层；2—保温层；3—持钉层；4—防水层或防水垫层；

5—沥青瓦；6—起始层沥青瓦；7—金属滴水板

（5）金属板屋面檐口挑出墙面的长度不应小于 200mm；屋面板与墙板交接处应设置金属封檐板和压条（见图 4 - 41）。

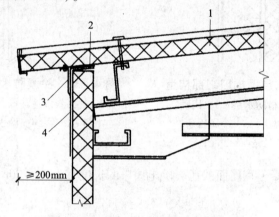

图 4 - 41　金属板屋面檐口构造

1—金属板；2—通长密封条；3—金属压条；4—金属封檐板

2. 檐沟和天沟

（1）卷材或涂膜防水屋面檐沟（见图 4 - 42）和天沟的防水构造，应符合下列规定：

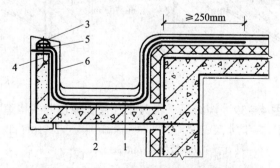

图 4 - 42　卷材、涂膜防水屋面檐沟构造

1—防水层；2—附加层；3—密封材料；4—水泥钉；5—金属压条；6—保护层

1）檐沟和天沟的防水层下应增设附加层，附加层伸入屋面的宽度不应小于 250mm。

2）檐沟防水层和附加层应由沟底翻上至外侧顶部，卷材收头应用金属压条钉压，并应用密封材料封严，涂膜收头应用防水涂料多遍涂刷。

3）檐沟外侧下端应做鹰嘴或滴水槽。

4）檐沟外侧高于屋面结构板时，应设置溢水口。

（2）烧结瓦、混凝土瓦屋面檐沟（见图 4－43）和天沟的防水构造，应符合下列规定：

1）檐沟和天沟防水层下应增设附加层，附加层伸入屋面的宽度不应小于 500mm。

2）檐沟和天沟防水层伸入瓦内的宽度不应小于 150mm，并应与屋面防水层或防水垫层顺流水方向搭接。

3）檐沟防水层和附加层应由沟底翻上至外侧顶部，卷材收头应用金属压条钉压，并应用密封材料封严；涂膜收头应用防水涂料多遍涂刷。

4）烧结瓦、混凝土瓦伸入檐沟、天沟内的长度，宜为 50～70mm。

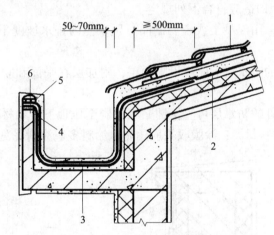

图 4－43　烧结瓦、混凝土瓦屋面檐沟防水构造
1—烧结瓦或混凝土瓦；2—防水层或防水垫层；3—附加层；
4—水泥钉；5—金属压条；6—密封材料

（3）沥青瓦屋面檐沟和天沟的防水构造，应符合下列规定：

1）檐沟防水层下应增设附加层，附加层伸入屋面的宽度不应小于 500mm。

2）檐沟防水层伸入瓦内的宽度不应小于 150mm，并应与屋面防水层或防水垫层顺流水方向搭接。

3）檐沟防水层和附加层应由沟底翻上至外侧顶部，卷材收头应用金属压条钉压，并应用密封材料封严；涂膜收头应用防水涂料多遍涂刷。

4）沥青瓦伸入檐沟内的长度宜为 10～20mm。

5）天沟采用搭接式或编织式铺设时，沥青瓦下应增设不小于 1000mm 宽的附加层（见图 4－44）。

6）天沟采用敞开式铺设时，在防水层或防水垫层上应铺设厚度不小于 0.45mm 的防锈金属板材，沥青瓦与金属板材应顺流水方向搭接，搭接缝应用沥青基胶结材料黏结，搭接宽度不应小于 100mm。

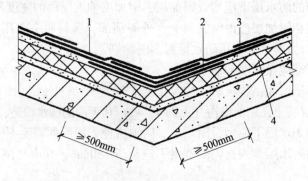

图4-44 沥青瓦屋面天沟防水构造

1—沥青瓦；2—附加层；3—防水层或防水垫层；4—保温层

3. 女儿墙和山墙

（1）女儿墙的防水构造应符合下列规定：

1）女儿墙压顶可采用混凝土或金属制品。压顶向内排水坡度不应小于5%，压顶内侧下端应作滴水处理。

2）女儿墙泛水处的防水层下应增设附加层，附加层在平面和立面的宽度均不应小于250mm。

3）低女儿墙泛水处的防水层可直接铺贴或涂刷至压顶下，卷材收头应用金属压条钉压固定，并应用密封材料封严；涂膜收头应用防水涂料多遍涂刷（见图4-45）。

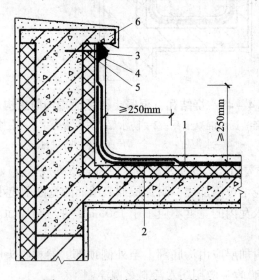

图4-45 低女儿墙防水构造

1—防水层；2—附加层；3—密封材料；4—金属压条；5—水泥钉；6—压顶

4）高女儿墙泛水处的防水层泛水高度不应小于250mm，防水层收头应符合3）的规定；泛水上部的墙体应作防水处理（见图4-46）。

5）女儿墙泛水处的防水层表面，宜采用涂刷浅色涂料或浇筑细石混凝土保护。

（2）山墙的防水构造应符合下列规定：

1）山墙压顶可采用混凝土或金属制品。压顶应向内排水，坡度不应小于5%，压顶内侧下端应作滴水处理。

2）山墙泛水处的防水层下应增设附加层，附加层在平面和立面的宽度均不应小于250mm。

3）烧结瓦、混凝土瓦屋面山墙泛水应采用聚合物水泥砂浆抹成，侧面瓦伸入泛水的宽度不应小于50mm（见图4-47）。

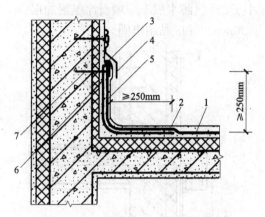

图4-46 高女儿墙防水构造

1—防水层；2—附加层；3—密封材料；

4—金属盖板；5—保护层；

6—金属压条；7—水泥钉

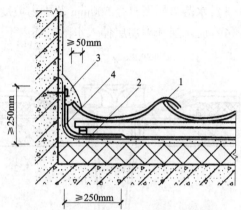

图4-47 烧结瓦、混凝土瓦屋面
山墙泛水构造

1—烧结瓦或混凝土瓦；2—防水层或防水垫层；

3—聚合物水泥砂浆；4—附加层

4）沥青瓦屋面山墙泛水应采用沥青基胶粘材料满粘一层沥青瓦片，防水层和沥青瓦收头应用金属压条钉压固定，并应用密封材料封严（见图4-48）。

5）金属板屋面山墙泛水应铺钉厚度不小于0.45mm的金属泛水板，并应顺流水方向搭接；金属泛水板与墙体的搭接高度不应小于250mm，与压型金属板的搭盖宽度宜为1～2波，并应在波峰处采用拉铆钉连接（见图4-49）。

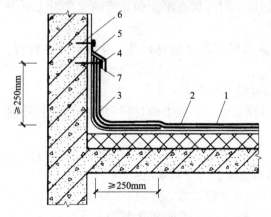

图4-48 沥青瓦屋面山墙泛水构造

1—沥青瓦；2—防水层或防水垫层；3—附加层；

4—金属盖板；5—密封材料；

6—水泥钉；7—金属压条

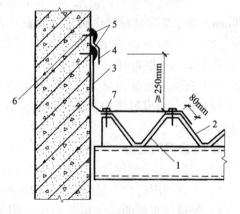

图4-49 压型金属板屋面山墙泛水构造

1—固定支架；2—压型金属板；3—金属泛水板；

4—金属盖板；5—密封材料；

6—水泥钉；7—拉铆钉

4. 水落口

（1）重力式排水的水落口（见图4-50、图4-51）防水构造应符合下列规定：

1）水落口可采用塑料或金属制品，水落口的金属配件均应作防锈处理。

2）水落口杯应牢固地固定在承重结构上，其埋设标高应根据附加层的厚度及排水坡度加大的尺寸确定。

3）水落口周围直径500mm范围内坡度不应小于5%，防水层下应增设涂膜附加层。

4）防水层和附加层伸入水落口杯内不应小于50mm，并应黏结牢固。

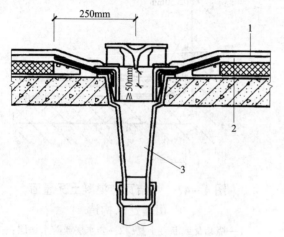 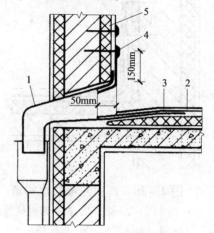

图4-50　直式水落口防水构造　　　　图4-51　横式水落口防水构造
1—防水层；2—附加层；3—水落斗　　　1—水落斗；2—防水层；3—附加层；
　　　　　　　　　　　　　　　　　　　　4—密封材料；5—水泥钉

（2）虹吸式排水的水落口防水构造应进行专项设计。

5. 变形缝

变形缝防水构造应符合下列规定：

（1）变形缝泛水处的防水层下应增设附加层，附加层在平面和立面的宽度不应小于250mm；防水层应铺贴或涂刷至泛水墙的顶部。

（2）变形缝内应预填不燃保温材料，上部应采用防水卷材封盖，并放置衬垫材料，再在其上干铺一层卷材。

（3）等高变形缝顶部宜加扣混凝土或金属盖板（见图4-52）。

（4）高低跨变形缝在立墙泛水处，应采用有足够变形能力的材料和构造做密封处理（见图4-53）。

6. 伸出屋面管道

（1）伸出屋面管道（见图4-54）的防水构造应符合下列规定：

1）管道周围的找平层应抹出高度不小于30mm的排水坡。

2）管道泛水处的防水层下应增设附加层，附加层在平面和立面的宽度均不应小于250mm。

3）管道泛水处的防水层泛水高度不应小于250mm。

4）卷材收头应用金属箍紧固和密封材料封严，涂膜收头应用防水涂料多遍涂刷。

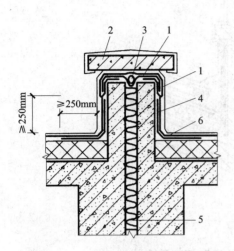

图 4-52　等高变形缝防水构造

1—卷材封盖；2—混凝土盖板；3—衬垫材料；

4—附加层；5—不燃保温材料；6—防水层

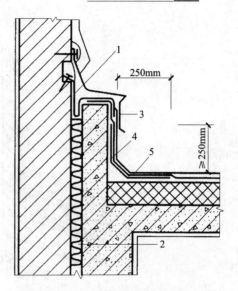

图 4-53　高低跨变形缝防水构造

1—卷材封盖；2—不燃保温材料；

3—金属盖板；4—附加层；5—防水层

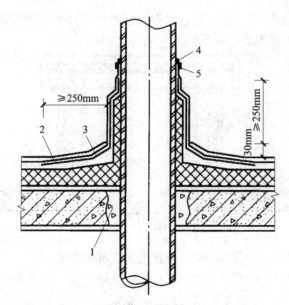

图 4-54　伸出屋面管道防水构造

1—细石混凝土；2—卷材防水层；3—附加层；4—密封材料；5—金属箍

（2）烧结瓦、混凝土瓦屋面烟囱（见图 4-55）的防水构造，应符合下列规定：

1）烟囱泛水处的防水层或防水垫层下应增设附加层，附加层在平面和立面的宽度不应小于 250mm。

2）屋面烟囱泛水应采用聚合物水泥砂浆抹成。

3）烟囱与屋面的交接处，应在迎水面中部抹出分水线，并应高出两侧各 30mm。

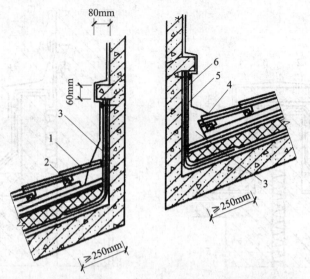

图 4-55　烧结瓦、混凝土瓦屋面烟囱防水构造

1—烧结瓦或混凝土瓦；2—挂瓦条；3—聚合物水泥砂浆；

4—分水线；5—防水层或防水垫层；6—附加层

7. 屋面出入口

（1）屋面垂直出入口泛水处应增设附加层，附加层在平面和立面的宽度均不应小于 250mm；防水层收头应在混凝土压顶圈下（见图 4-56）。

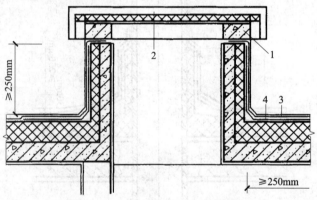

图 4-56　垂直出入口防水构造

1—混凝土压顶圈；2—上人孔盖；3—防水层；4—附加层

（2）屋面水平出入口泛水处应增设附加层和护墙，附加层在平面上的宽度不应小于 250mm；防水层收头应压在混凝土踏步下（见图 4-57）。

8. 反梁过水孔

反梁过水孔构造应符合下列规定：

（1）应根据排水坡度留设反梁过水孔，图纸应注明孔底标高。

（2）反梁过水孔宜采用预埋管道，其管径不得小于 75mm。

（3）过水孔可采用防水涂料、密封材料防水。预埋管道两端周围与混凝土接触处应留凹槽，并应用密封材料封严。

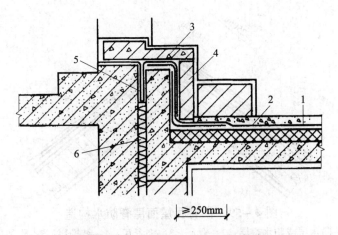

图 4 – 57 水平出入口防水构造

1—防水层；2—附加层；3—踏步；4—护墙；5—防水卷材封盖；6—不燃保温材料

9. 设施基座

（1）设施基座与结构层相连时，防水层应包裹设施基座的上部，并应在地脚螺栓周围作密封处理。

（2）在防水层上放置设施时，防水层下应增设卷材附加层，必要时应在其上浇筑细石混凝土，其厚度不应小于 50mm。

10. 屋脊

（1）烧结瓦、混凝土瓦屋面的屋脊处应增设宽度不小于 250mm 的卷材附加层。脊瓦下端距坡面瓦的高度不宜大于 80mm，脊瓦在两坡面瓦上的搭盖宽度，每边不应小于 40mm；脊瓦与坡瓦面之间的缝隙应采用聚合物水泥砂浆填实抹平（见图 4 – 58）。

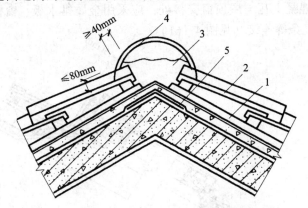

图 4 – 58 烧结瓦、混凝土瓦屋面屋脊防水构造

1—防水层或防水垫层；2—烧结瓦或混凝土瓦；3—聚合物水泥砂浆；4—脊瓦；5—附加层

（2）沥青瓦屋面的屋脊处应增设宽度不小于 250mm 的卷材附加层。脊瓦在两坡面瓦上的搭盖宽度，每边不应小于 150mm（见图 4 – 59）。

（3）金属板屋面的屋脊盖板在两坡面金属板上的搭盖宽度每边不应小于 250mm，屋面板端头应设置挡水板和堵头板（见图 4 – 60）。

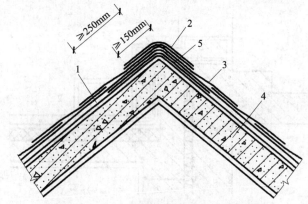

图 4 – 59　沥青瓦屋面屋脊防水构造

1—防水层或防水垫层；2—脊瓦；3—沥青瓦；4—结构层；5—附加层

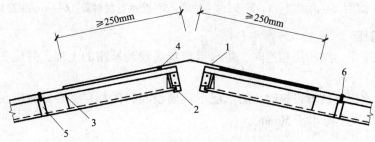

图 4 – 60　金属板材屋面屋脊防水构造

1—屋脊盖板；2—堵头板；3—挡水板；4—密封材料；5—固定支架；6—固定螺栓

11. 屋顶窗

（1）烧结瓦、混凝土瓦与屋顶窗交接处，应采用金属排水板、窗框固定铁脚、窗口附加防水卷材、支瓦条等连接（见图 4 – 61）。

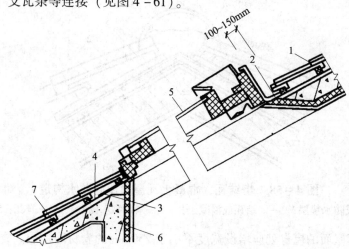

图 4 – 61　烧结瓦、混凝土瓦屋面屋顶窗防水构造

1—烧结瓦或混凝土瓦；2—金属排水板；3—窗口附加防水卷材；
4—防水层或防水垫层；5—屋顶窗；6—保温层；7—支瓦条

（2）沥青瓦屋面与屋顶窗交接处应采用金属排水板、窗框固定铁脚、窗口附加防水卷材等与结构层连接（见图 4 - 62）。

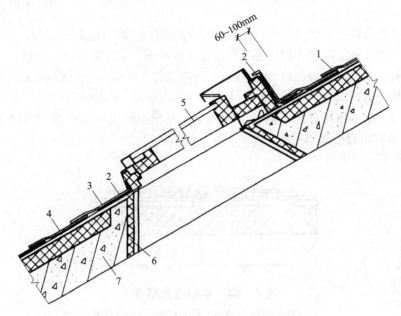

图 4 - 62 沥青瓦屋面屋顶窗防水构造

1—沥青瓦；2—金属排水板；3—窗口附加防水卷材；4—防水层或防水垫层；
5—屋顶窗；6—保温层；7—结构层

4.6 屋面渗漏维修

4.6.1 卷材防水屋面渗漏维修

卷材防水屋面发生局部渗漏，一般是由于卷材防水层开裂、流淌、鼓泡、老化或构造节点损坏等情况引起的。

1. 开裂的维修

引起卷材防水层开裂（见图 4 - 63）的原因，有以下几种情况：

（1）由于屋面基层变动、温度作用下热胀冷缩、建筑物不均匀下沉等导致屋面板端头缝处卷材防水层呈现直线开裂。

（2）由于保温层铺设不平，水泥砂浆找平层薄厚不匀，在屋面基层变动时找平层开裂而导致卷材防水层的不规则开裂。

（3）由于卷材搭接处搭接长度较少、收头不良而拉裂。

图 4 - 63 卷材防水层开裂

（4）卷材防水层鼓泡的破裂、老化龟裂、卷材质量不良、卷材有外伤、卷材延伸度较小、卷材抗拉力较差等，引起卷材开裂。

（5）由于冬季环境温度低，易引起卷材脆裂。

（6）在屋面板端头缝处没有平铺一层卷材条，屋面板窜动时，卷材无伸缩余地而引起开裂。

开裂的维修方法：先铲除裂缝两边各500mm左右宽度范围内的保护层材料，用吹尘器吹掉裂缝中的浮灰，随即涂刷快挥发性冷底子油一道；当冷底子油干燥后，在裂缝中嵌填防水密封膏，并高出上表面约1mm左右，再在裂缝上干铺一层300mm宽的卷材条，其上再铺设同样的卷材防水层及保护层，如图4-64所示。当裂缝拐弯时，切断干铺卷材条，再搭接另一条，搭接长度不低于100mm。卷材铺贴时要顺水搭接，其搭接长度不低于150mm。卷材两边必须要封贴严密，不使其翘边。

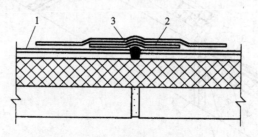

图4-64　裂缝维修层次

1—卷材防水层；2—干铺卷材条；3—密封膏

2. 鼓泡的维修

造成卷材防水层鼓泡的主要原因是：在鼓泡处基层较潮湿；基层面不平，卷材铺贴时在基层凹陷处黏结不良或卷材局部含有水分等。当气温升高时，水分气化，造成了一定气压，导致使卷材鼓泡。若潮气增加，鼓泡可以越鼓越大。鼓泡的维修方法有下列几种：

（1）小鼓泡维修法。先铲除起鼓处及周围约100mm×100mm见方的范围内的保护层材料及其胶粘料，并清扫干净；然后用小刀将鼓泡处戳破一个小洞，用手将鼓泡处的空气从小洞排出，使卷材复平；再在铲除范围内上、左、右涂刷沥青玛瑞脂（即留出洞口及其下方部位不黏结），铺贴上已裁好的卷材（卷材面积大小与铲除面积相等）一层，这时要确保出气洞口及其下方不被黏结封死，能够使鼓泡处的水汽能自由排出，在新贴的卷材上再做保护层，如图4-65所示。

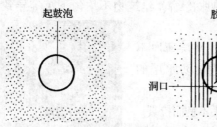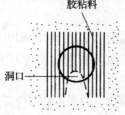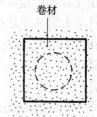

（a）清除鼓泡周围保护层材料　（b）在起鼓处开洞口，并　（c）补贴卷材及做保护层
　　　　　　　　　　　　　　　在上、左、右涂刷胶粘料

图4-65　小鼓泡维修步骤

（2）大鼓泡维修法。先切除鼓泡周边大约100mm范围内的卷材层（一般应切成方形或长方形），再铲除切口外100mm保留卷材上的保护层材料，并尽量刮除其胶粘料。然后清刮干净切口内基层面，并使其干燥，干燥后涂刷一层冷底子油，当冷底子油干燥后，在切口处将卷材铺贴。底层卷材同切口大小一样，中层卷材比切口处卷材每边各宽50mm，面层卷材要和铲除保护层的范围相一致。若屋面只铺两层卷材，则此时不贴中层卷材，只贴底层卷材和面层卷材，然后在面层卷材上再做保护层，如图4-66所示。

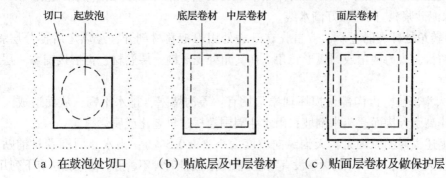

（a）在鼓泡处切口　　（b）贴底层及中层卷材　　（c）贴面层卷材及做保护层

图4-66　大鼓泡维修步骤

3. 流淌的维修

卷材防水层流淌通常可分为严重、中等、轻度三种。其中严重流淌是指流淌面积大于屋面面积的50%，卷材滑动距离大于150mm。此时要局部修补比较困难，可考虑将卷材防水层拆除后重铺。而中等流淌是指流淌面积小于屋面面积的50%，卷材滑动距离为100~150mm。对于中等流淌往往发生在垂直面上的卷材（如女儿墙、天窗侧壁处等），或坡度较大的面上（如天沟处等）的卷材。中等流淌修理后可达到渗漏水。轻度流淌时，如没有渗漏，一般可不用修理。

流淌的主要原因是沥青玛瑞脂耐热度偏低；配料时未按配合比严格称量；铺设卷材时，沥青玛瑞脂涂刷太厚（超过2mm）。一般流淌发生在最上一层卷材，过1~2年后可慢慢趋向稳定，待稳定后便可维修。

流淌的维修方法：先切除局部流淌而拉开脱空或折皱成团的卷材，并保留平整部分的卷材。铲刮干净切除处的沥青玛瑞脂；同时铲除切口周围150mm×150mm左右范围内保留卷材上的保护层材料，再用加热法（如用铁熨斗）分层剥开，铲除保护层的卷材（在流水的下水方向可不剥开），尽可能刮除剥开处的沥青玛瑞脂，扫清修补处。待其基层干燥冷却后，即涂刷一道冷底子油，当待冷底子油干燥后，即可铺贴卷材防水层及保护层。对于剥开处的卷材应按流水方向要求来进行搭接，并封贴严密。

4. 构造节点维修

（1）泛水部位。山墙、女儿墙与屋面交接处的泛水部位，损坏现象中常见的有：卷材收口处张开或脱落；压顶抹面风化、开裂或剥落；转角处卷材开裂；泛水卷材破坏；卷材老化或腐烂等。

造成上述损坏的原因是：卷材收口未钉牢或封口密封膏开裂后进水，经过干湿、冻融交替循环，时间久了，密封膏剥落；压顶抹灰砂浆强度等级太低或产生干缩裂缝后进水，因反复冻融而剥落，压顶滴水线损坏，雨水沿墙进入卷材；山墙、女儿墙与屋面板没有牢同拉结，转角处未做成钝角，墙面卷材与屋面卷材缺乏分层搭接，山墙、女儿墙外倾或不均匀沉陷；墙面上卷材未做保护层，使卷材露面，且此处易积雪积灰，卷材易老化腐烂。维修方法有以下几点：

1）检查卷材质量，若完好，则清除卷材张口脱落处的旧胶粘料，然后烤干基层，重新将旧卷材贴牢钉牢，再铺贴新卷材，收口处用防水密封膏封口。

2）对已风化开裂和剥落的压顶抹灰砂浆，要凿除后重新抹面（用质量比为1:2或1:2.5的水泥砂浆），同时做好滴水线。

3）对转角处开裂的卷材，要首先在开裂处用刀把卷材剖开，经烘烤后再分层剥离，清除旧胶粘料，改为钝角或圆弧形转角。在转角处先干铺一层卷材，再搭接铺贴一层新卷材与旧卷材。

（2）天沟部位。天沟部位损坏现象常见有：天沟堵塞，排水不畅，从而造成天沟积水；雨水斗高于天沟面，流水倒坡；雨水斗周围卷材过早老化或腐烂。

造成上述损坏的原因是：天沟纵向坡度太小（<0.5%）；雨水斗周围卷材铺贴不严密或卷材层数不够；雨水斗的短管没有紧贴屋面板；物业管理不善等。修理方法有下列几点：

1）若天沟纵坡太小或出现倒坡现象，且卷材已老化、腐烂，便凿掉天沟找坡层，再拉线找坡，重新铺设找坡层，再重新铺贴卷材。

2）若雨水斗周围的卷材开裂严重时，应铲除该处卷材；检查短管是否紧贴屋面板面，如浮搁在找平层上，应凿掉该处找平层，清理后安好短管，再铺贴卷材，并将雨水斗周围的卷材收口和包封做好。

（3）在无组织排水檐口部位。无组织排水檐口部位，损坏现象常见的有：卷材张口翘起，"尿墙"（雨水沿檐口底流到外墙面上）。

造成上述损坏的原因是：卷材收口处未埋入凹槽内，封口密封膏老化剥落；檐口前沿未抹出滴水线。修理方法有下列几点：

1）卷材张口部位，需首先消除其旧胶粘料，然后涂刷新的胶粘料重新铺贴；铲除已老化的密封膏，用新的密封膏嵌填卷材封口处。

2）用质量比为1:2的水泥砂浆将檐口前沿抹出滴水线。

5. 卷材老化的维修

造成卷材防水层老化的主要原因是卷材屋面使用年限过久，卷材防水层经风吹、日晒、雨淋和空气中各种介质的影响，引起了物理化学变化，使卷材发生脆裂或腐烂。维修卷材老化的方法，是拆除其老化部分卷材，清理基层面，再铺贴新的卷材。

4.6.2　涂膜防水屋面渗漏维修

涂膜防水屋面发生局部渗漏，一般是由于涂膜防水层开裂、鼓泡或构造节点损坏等情况引起的。

1. 开裂的维修

引起涂膜防水层裂缝的原因，可能是以下情况之一：

（1）屋面板端缝处没有进行柔性密封处理，若屋面板产生变形时，容易引起涂膜开裂。

（2）厚质防水涂料一次涂成，涂膜收缩和水分蒸发后容易产生开裂。

（3）由于防水涂料质量不好，水分蒸发后发生开裂。

开裂的维修方法：先铲除开裂处及其附近（扩大到 100～150mm）的涂膜防水层，铲口周边留成斜槎，并清理基层，再选用质量合格的同样防水涂料分遍涂抹，先涂的涂层干燥成膜后才可涂抹后一遍涂料，使其达到所需的涂膜厚度。

2. 构造节点的维修

（1）引起天沟、檐沟、檐口、泛水等部位雨水渗漏的原因，可能是以下情况之一：

1）天沟、檐沟、泛水处未增铺有胎体增强材料附加层或没有密封处理。

2）无组织排水檐口，在涂膜收口处密封材料开裂或剥落，引起涂膜张口。

3）水落口处缺少铺胎体增强材料，或伸入杯口内长度不足，在加铺附加层之前，没有做好密封处理。

（2）构造节点的维修方法。未增铺胎体增强材料的，应铲除原处涂膜防水层；清理基层后，加铺胎体增强材料，然后用新的防水涂料分遍涂抹。密封材料开裂或剥落，应铲除干净，并用新的密封材料嵌填。节点处涂膜开裂依据上述方法修补。

3. 鼓泡的维修

造成涂膜防水层鼓泡的主要原因是防水涂料质量问题，未能全部达到相应的技术性能指标。

鼓泡的维修方法：先铲除鼓泡处及其附近的涂膜防水层，并将铲口周边留成斜槎，并清理基层，再用质量好的防水涂料分遍涂抹。

4.6.3　细石混凝土屋面渗漏维修

细石混凝土屋面出现局部渗漏，通常是由于细石混凝土防水层本身产生裂缝、板缝处盖缝条脱开或构造节点损坏等情况引起的。

1. 细石混凝土防水层裂缝处理

为了加强细石混凝土防水层的耐久性和防水性，对存在下述三种情况之一者，其防水层裂缝应进行封闭处理。对于年平均相对湿度大于 60%，裂缝宽度大于 0.1mm 者；对于年平均相对湿度小于 60%，裂缝宽度大于 0.15mm 者；对于裂缝已引起渗水者。

封闭裂缝方法，可采用嵌缝法和贴缝法。

（1）嵌缝法。先清除吹净裂缝内及缝两边 30～40mm 范围内的浮渣、尘土，然后在缝内用密封材料嵌填。若用沥青油膏或密封膏，应在缝内及两边涂刷一遍冷底子油；若采用高分子密封材料时，须先涂刷一道与密封材料同性质的胶粘剂。嵌实后，密封材料应超过防水层面 3～5mm，如图 4－67 所示。

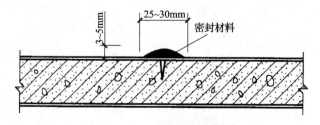

图 4－67　嵌缝法处理裂缝

（2）贴缝法。先清除吹净裂缝内及缝两边 35～50mm 范围内的浮渣、尘土，然后用胶粘料在裂缝上铺贴卷材条一层。若用沥青卷材时，应先刷一道冷底子油，在冷底子油干燥后，用热沥青玛瑞脂铺贴沥青卷材。若用高聚物改性沥青卷材或合成高分子卷材时，可铺贴相配套的胶粘剂。卷材条宽为 70～100mm，如图 4-68 所示。

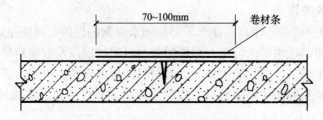

图 4-68　贴缝法处理裂缝

2. 构造节点的维修

对于细石混凝土屋面的泛水处，所铺贴的卷材或涂膜若有开裂、流淌等现象，可以按照上述方法进行维修。细石混凝土屋面的无组织排水檐口，若出现密封材料开裂或剥落，应予以铲除，然后用新的密封材料嵌填密实。

3. 盖缝条的维修

当细石混凝土防水层的分格缝上的盖缝条，如出现翘边、张口现象，可先清理干净翘边、张口，吹去尘土，使用胶粘材料（沥青玛瑞脂或胶粘剂）将翘边张口处复位粘贴牢固。若盖缝条的翘边张口比较普遍，应在盖缝条两边再贴压缝条。压缝条所选用卷材品种应与盖缝条相同，其宽度为 150mm，如图 4-69 所示。

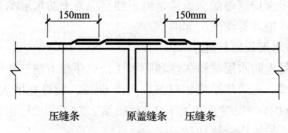

图 4-69　盖缝条两边贴压缝条

5 地下室防水施工

5.1 卷材防水层

5.1.1 施工要求

1. 防水层施工条件

（1）作业条件。

1）防水层施工期间应做好降水工作，将地下水位降至防水工程底部最低标高以下500mm，直至防水工程主体结构及回填土全部完成。

2）冷粘法卷材防水施工环境温度不应低于5℃，热熔法及热风焊接法卷材防水施工环境温度不应低于−10℃。

3）防水卷材及配套胶粘剂进场后，应按规定取样检验，其性能指标应符合要求。

4）地下穿墙管道应预留孔洞。

（2）对基层要求。地下卷材防水层施工对基层的要求见表5−1。

表5−1 地下卷材防水层施工对基层的要求

项目	内　容
坚固	防水基层如为水泥砂浆找平层时，砂浆配合比应不低于1:3；水泥强度等级不低于32.5；水泥砂浆的稠度应控制在7~8mm之间。控制水泥砂浆的配合比是提高基层坚固性，防止起砂的关键； 如果基层不做找平层，卷材防水层可直接铺贴在混凝土表面，但应检查混凝土表面是否有蜂窝、麻面、孔洞。如有类似情况，应用掺108胶的水泥砂浆或胶乳水泥浆修补
平整	不得有突出的夹角和凹坑。用2m直尺检查，直尺与基层间的空隙不应超过5mm，空隙只允许平缓变化，每米长度内不得超过1处
干燥	含水率不大于9%。作为地下防水工程，要使基层干燥是比较困难的

如果基层有局部渗漏，可用速凝堵漏剂堵住渗漏部位。如果有局部慢渗水，使防水施工无法进行，可用有机的化学浆材与无机的防水材料，配制成复合胶泥敷贴在慢渗部位上，可以收到"内病外治"的功效。

2. 防水层施工方法

地下卷材防水层防水方法，根据水浸入的方向来区分有外防水法与内防水法。

（1）外防水法。外防水法是将卷材防水层粘贴在地下结构的迎水面，形成一个卷材防水层与防水结构层共同工作的地下结构物，以抵抗地下水向结构物内部渗漏和浸蚀。这种防水层位于地下结构的外表面，故称为"外防水法"，它是地下工程中最常用的防水方法，如图5−1所示。

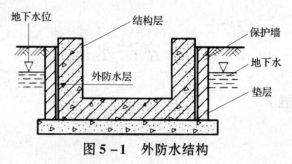

图 5-1 外防水结构

（2）内防水法。内防水法是将卷材防水层粘贴在地下结构的背水面，即结构的内表面，这种防水层不能直接阻隔地下水对结构内部的浸蚀和抵抗水的侧压力。因为卷材防水层承受荷载的能力很小，需要与结构层共同承受荷载，因此必须在卷材防水层的内表面加做刚性内衬层，以压紧卷材防水层，增强抵抗水压的能力，如图 5-2 所示。这种防水层位于结构内表面，故称为"内防水法"，目前在一般建筑工程中较少采用。

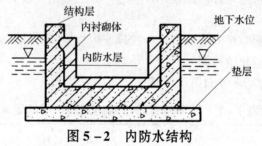

图 5-2 内防水结构

3. 防水层施工流程

地下卷材防水层施工工艺流程，如图 5-3 所示。

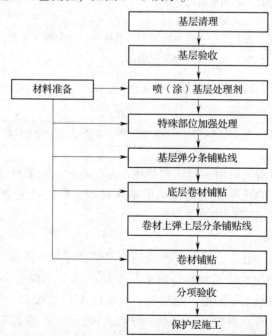

图 5-3 地下卷材防水层施工工艺流程

5.1.2 外防外贴法施工

在混凝土底板浇筑前，在墙体外侧垫层砌筑高于底板上平面标高 250mm 以上的永久性保护墙，在平面贴防水层时将接头延伸到永久性保护墙的立面上，各层留好接茬尺寸，待结构墙体浇筑后，再将上部卷材按搭接要求直接铺贴到结构墙体上。其构造做法如图 5-4 所示。

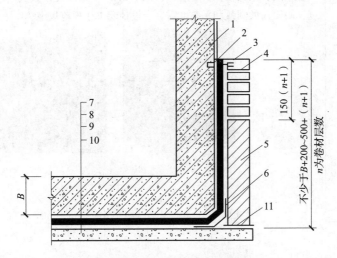

图 5-4　外防外贴构造做法

1—围护结构；2—永久性木条；3—临时性木条；4—临时保护墙；5—永久性保护墙；
6—卷材附加层；7—保护层；8—卷材防水层；9—找平层；10—混凝土垫层；11—油毡

主要施工程序：砌筑保护墙→抹水泥砂浆找平层→涂刷基层处理剂→铺贴附加增强层→铺贴卷材→浇筑平面保护层和抹立面保护层→墙面水泥砂浆找平层→铺贴外墙立面卷材防水层→外墙防水层保护层施工→验收回填。

外墙外贴构造做法主要操作技术要点见表 5-2。

表 5-2　外墙外贴构造做法主要操作技术要点

要　　点	内容及图示
砌筑永久性保护墙	在结构墙体的位置外侧，用 M5 砂浆砌筑出半砖厚的永久性保护墙体。墙体应比结构底板高出 160mm 左右

续表 5 - 2

要　点	内容及图示
抹水泥砂浆找平层	在垫层和永久性保护墙表面，抹 1:2.5 ~ 3 的水泥砂浆找平层。其中找平层厚度，阴阳角的圆弧和平整度需符合设计要求或规范规定  
涂布基层处理剂	找平层干燥并清扫干净后，按照所用的卷材种类不同，涂布相应的基层处理剂，如为用空铺法，可不涂布基层处理剂。基层处理剂可选用喷涂或刷涂法施工，喷涂要求均匀一致，且不露底。如基面较潮时，需涂刷湿固化型胶粘剂或潮湿界面隔离剂   

续表 5-2

要　点	内容及图示
铺贴附加增强层	阴阳角、转角等部位在铺贴防水层前，应用墙体同种防水卷材作附加增强处理
铺贴卷材	地下室工程卷材防水层要先铺贴平面，再铺贴立面。第一块卷材需铺贴在平面和立面相交接处的阴角处，平面和立面各占半幅卷材。当第一块卷材铺贴完后，后面的卷材应根据卷材的搭接宽度（长边为100mm，短边为150mm），并在已铺卷材的搭接边上弹出基准线。厚度在3mm以下的高聚物改性沥青防水卷材，不可用热熔法施工。热塑性合成高分子防水卷材作搭接边，可用热风焊法进行黏结。待胶粘剂基本干燥后，便可铺贴卷材。在平面与立面交界处，应先铺贴平面部位的半幅卷材，再沿阴角根部由下向上铺贴立面处的另一半卷材。自平面折向立面的防水卷材，需与永久性保护墙体紧密贴严。卷材铺贴完毕后，应用建筑密封材料对长边和短边搭接缝做嵌缝处理
粘贴封口条	卷材铺贴完毕后，要对卷材长边和短边的搭接缝应用建筑密封材料做嵌缝处理，然后再用封口条作进一步封口密封，封口条的宽度为120mm 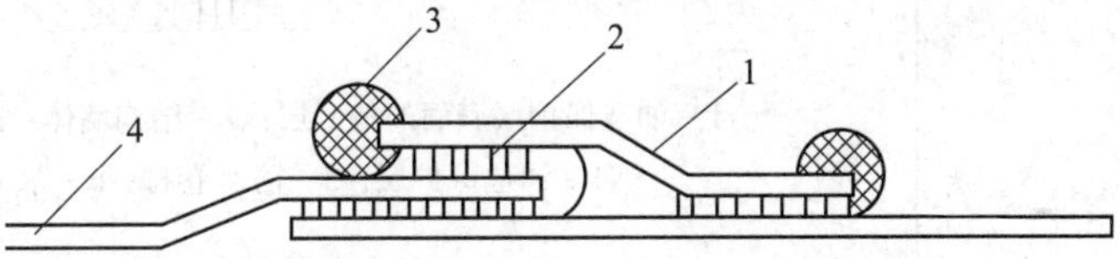 1—封口条；2—卷材胶粘剂；3—密封材料；4—卷材防水层
铺设保护层	平面和立面部位的防水层施工完且经检查验收合格后，最好在防水层上虚铺一层沥青防水卷材作保护隔离层，铺设时最好用少量胶粘剂点粘固定，用来防止在浇筑细石混凝土刚性保护层时发生位移。保护隔离层铺设完后，即可浇筑40~50mm厚的细石混凝土保护层。浇筑细石混凝土的过程中，避免损伤保护隔离层和卷材防水层。若出现损伤必须及时对卷材防水层进行修补，修补后再继续浇筑细石混凝土保护层，以免以后渗漏
砌筑临时性保护墙体	在浇筑结构墙体时，对于立面部位的防水层和油毡保护层，按照传统的临时性处理方法，要将它们临时平铺在永久性保护墙体的平面上，再用石灰砂浆砌筑3皮单砖临时性保护墙，来压住油毡及卷材

续表 5-2

要　　点	内容及图示
浇筑平面保护层和抹立面保护层	待油毡保护层铺设完后，平面部位便可浇筑 40~50mm 厚的 C20 细石混凝土保护层。立面部位（永久性保护墙体）防水层表面抹厚为 20mm 的 1:(2.5~3) 水泥砂浆找平层进行保护。拌和时宜掺入微膨胀剂。在细石混凝土及水泥砂浆保护层养护固化完成后，便可按设计要求绑扎钢筋，支模板浇筑混凝土底板和墙体施工
结构墙体外墙表面抹水泥砂浆找平层	先拆除临时性保护墙体，再在外墙表面抹水泥砂浆找平层 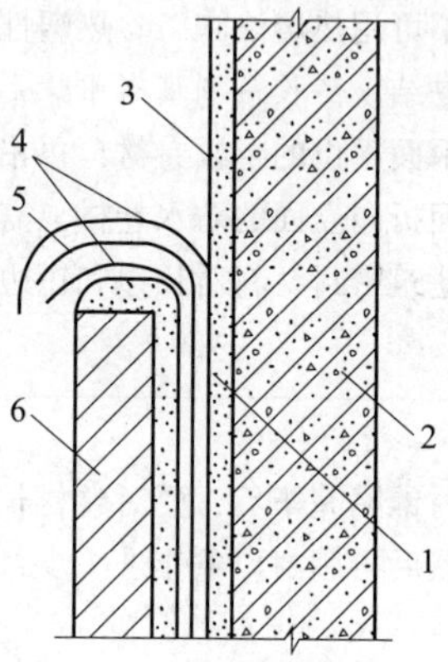 1—油毡保护层表面的找平层；2—结构墙体；3—外墙表面的找平层；4—油毡保护层；5—防水卷材；6—永久性保护墙体材
铺贴外墙立面卷材防水层	先撕掉甩槎防水卷材上部的保护隔离卷材，露出卷材防水层，沿着结构外墙来接槎铺贴。铺贴时，上层卷材盖过下层卷材不应低于 150mm，短边搭接宽度不应低于 100mm。遇到预埋管（盒）等部位时，必须先用附加卷材（或加筋防水涂膜）增强处理后不可铺贴卷材防水层。铺贴完毕后，凡用胶粘剂粘贴的卷材防水层，需密封材料对搭接缝嵌缝处理，并用封口条盖缝，再用密封材料封边
外墙防水层保护层施工	外墙防水层经检查验收合格后，且无渗漏隐患后，可用胶粘剂点在卷材防水层的外侧粘 5~6mm 厚聚乙烯泡沫塑料片材或 40mm 厚聚苯乙烯泡沫塑料的保护层。待外墙保护层施工完毕后，便可根据设计要求或施工验收规范的要求，在基坑内分步回填三七灰土，且分步夯实

续表 5-2

要　点	内容及图示
顶板防水层与保护层施工	顶板防水卷材铺贴同底板垫层上铺贴。铺贴后，要设置厚 70mm 以上的 C20 细石混凝土保护层，并在保护层与防水层之间应设虚铺卷材作隔离层，来避免细石混凝土保护层伸缩而破坏防水层
回填土	回填土要仔细施工，要求分层夯实，土中不可含有石块、碎砖、灰渣等杂物，距墙面 500mm 范围内最好用黏土或 2∶8 灰土回填。卷材防水层甩槎、接槎构造 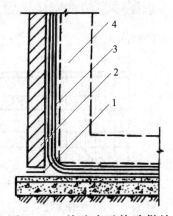 （a）甩槎　　　　（b）接槎 1—临时保护墙；2—永久保护墙；3—细石混凝土保护层；4—卷材防水层； 5—水泥砂浆找平层；6—混凝土垫层；7—卷材加强层；8—结构墙体； 9—卷材加强层；10—卷材防水层；11—卷材保护层

5.1.3　外防内贴法施工

外防内贴法是先浇筑混凝土垫层，在垫层上沿墙体四周砌筑永久性保护墙并抹水泥砂浆找平层，然后将卷材防水层同时直接铺贴在垫层和永久性保护墙上。其构造做法如图 5-5 所示。

主要施工程序：做混凝土垫层→砌永久性保护墙→抹水泥砂浆找平层→涂刷基层处理剂→附加增强处理→铺设卷材防水层→铺设保护隔离层→浇筑结构混凝土→回填土。

外防内贴构造做法主要操作技术要点见表 5-3。

图 5-5　外防内贴构造做法
1—平铺油毡层；2—砖保护墙；
3—卷材防水层；4—待施工的围护结构

表 5 - 3　外防内贴构造做法主要操作技术要点

要　点	内容及图示
做混凝土垫层	若保护墙较高，可加大永久性保护墙下垫层厚度，必要时可配置加强钢筋
砌永久性保护墙	在垫层上砌永久性保护墙，厚度为一砖厚，在其下干铺一层卷材
抹水泥砂浆找平层	在已浇筑的混凝土垫层和砌筑的永久性保护墙体上抹厚为 20mm 的 1:(2.5～3) 掺微膨胀剂的水泥砂浆找平层
涂布基层处理剂	待找平层的强度达到了设计要求中的强度后，便可在平面和立面部位涂布基层处理剂
附加增强处理	转角部位铺设附加增强层
铺贴卷材	卷材最好先铺立面后铺平面。立面部位的卷材防水层，需先从阴阳角部位逐渐向上铺贴，阴阳角部位的第一块卷材，平面与立面各占半幅，在已铺卷材的搭接边上弹出基准线，最后按线铺贴卷材。卷材的铺贴方法、搭接黏结、嵌缝和封口密封处理方法同外防外贴法
铺设保护隔离层和保护层	施工质量检查验收，且无渗漏隐患后，可先在平面防水层上点粘石油沥青纸胎卷材保护隔离层，在立面墙体防水层上粘贴 5～6mm 厚聚乙烯泡沫塑料片材保护层。施工方法同外防外贴法相同。最后在平面卷材保护隔离层上浇筑厚 50mm 以上的 C20 细石混凝土保护层
浇筑钢筋混凝土结构层	按设计要求绑扎钢筋和浇筑混凝土主体结构，施工方法同外防外贴法。如利用永久性保护墙体代替模板，则要选用稳妥的加固措施
回填土	外防内贴法的主体结构浇筑完毕后，应立即回填三七灰土，并分步夯实

5.2　水泥砂浆防水层

5.2.1　水泥砂浆防水层构造做法

水泥砂浆防水层构造做法如图 5 - 6 所示。

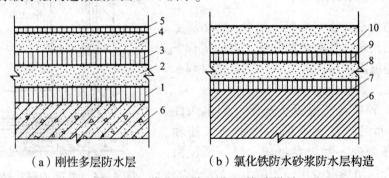

（a）刚性多层防水层　　　（b）氯化铁防水砂浆防水层构造

图 5 - 6　水泥砂浆防水层构造做法

1、3—素灰层；2、4—水泥砂浆层；5、7、9—水泥浆；

6—结构基层；8—防水砂浆层；10—防水砂浆面层

5.2.2 普通水泥砂浆防水层施工

1. 基层处理

（1）混凝土基层处理。

1）新建混凝土基层，拆模后要及时用钢丝刷将混凝土表面刷毛，并在抹面前浇水冲刷干净。

2）旧混凝土工程补做防水层时，需先将表面凿毛，达到平整后再浇水冲刷干净。

3）对于混凝土结构的施工缝，要沿缝剔成八字形凹槽，用水冲洗后，并用素灰打底，水泥砂浆压实抹平，如图 5-7 所示。

（2）砖砌体基层处理。

1）清除干净砖墙面残留的灰浆、污物，充分浇水湿润。

2）针对用石灰砂浆和混合砂浆砌筑的新砌体，需将砌体灰缝易进 10mm 深，且缝内呈直角（见图 5-8），以增强防水层与砌体的黏结力；对于水泥砂浆砌筑的砌体，灰缝可以不剔除，但对于已勾缝的需将勾缝砂浆剔除。

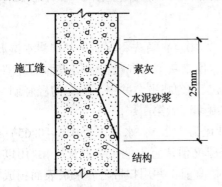

图 5-7 混凝土结构施工缝的处理

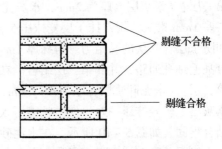

图 5-8 砖砌体的剔缝

3）对于旧砌体，需清除干净钢丝刷或剁斧将松酥表面和残渣，直到露出坚硬砖面，并浇水冲洗干净。

（3）毛石和料石砌体基层处理。

1）其基层处理和混凝土和砖砌体相同。

2）对于石灰砂浆或混合砂浆砌体，其灰缝要剔成 10mm 深的直角沟槽。

3）对表面凹凸不平的石砌体，清理完后，在基层表面做找平层。其具体做法是：先在石砌体表面刷一道水灰比为 0.5 左右的水泥浆，厚约 1mm，再抹 1~1.5cm 厚的 1:2.5 水泥砂浆，并将表面扫成毛面。如若一次不能找平时，要间隔 2d 分次找平。

基层处理后必须浇水湿润，这是确保防水层和基层结合牢固，不空鼓的重要条件。浇水要按次序反复浇透，使其抹上灰浆后不出现吸水现象。

2. 设置防水层

防水层分为内抹面防水和外抹面防水两种。地下结构物除需考虑地下水渗透外，还应注意地表水的渗透，所以防水层的设置高度应高出室外地坪 150mm 以上，如图 5-9 所示。

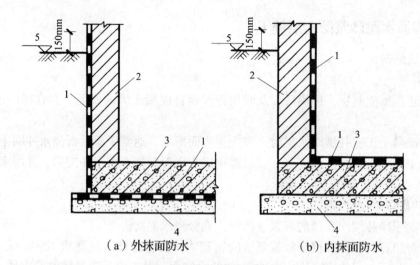

（a）外抹面防水　　　　　　（b）内抹面防水

图5-9　防水层的设置

1—水泥砂浆刚性防水层；2—立墙；3—钢筋混凝土底板；4—混凝土垫层；5—室外地坪面

3. 混凝土预板与墙面防水层施工

第一层：（素灰层，厚为2mm，水灰比为0.37~0.4）首先将混凝土基层浇水湿润后，抹一层厚1mm素灰，用铁抹子反复抹压5~6遍，使素灰填实混凝土基层表面的缝隙，用来增加防水层与基层的黏结力。再抹厚1mm的素灰均匀找平，并用毛刷横向轻轻刷一遍，以便打乱毛细孔通路，并和第二层结合。在其初凝期间做第二层。

第二层：（水泥砂浆层，厚为4~5mm，灰砂比为1:2.5，水灰比为0.6~0.65）在初凝的素灰层上轻轻抹压一遍，使砂粒能压入素灰层（但注意不能压穿素灰层），用以便两层间结合牢固，如图5-10所示。在水泥砂浆层初凝前，并用扫帚将砂浆层表面扫成横向条纹，当终凝并具有一定强度后（一般隔一夜）做第三层。

图5-10　分层交叉涂抹

第三层：（素灰层，厚为2mm）其操作方法与第一层相同。若水泥砂浆层在硬化过程中析出游离的氢氧化钙形成白色薄膜时，需刷洗干净，避免影响黏结。

第四层：（水泥砂浆层，厚为4~5mm）按照第二层方法抹水泥砂浆。水泥砂浆硬化过程中，用铁抹子分次抹压5~6遍，用以增加密实性，最后再压光。

第五层：（水泥浆层，厚为1mm，水灰比为0.55～0.6）若防水层在迎水面时，则需在第四层水泥砂浆抹压两遍后，用毛刷均匀涂刷一道水泥浆，随着第四层一并压光。

混凝土顶板与墙面的防水层施工，在一般情况下，迎水面采用"五层抹面法"，背水面采用"四层抹面法"。五层抹面法具体操作方法见表5－4。四层抹面做法和五层抹面做法一样，只要去掉第五层水泥浆层即可。

表5－4　五层抹面法

层　　　次	水灰比	厚度（mm）	操作要点	作用
第一层素灰层	0.4～0.5	2	1. 分两次抹压，基层浇水湿润后，先抹1mm厚结合层，用铁抹子往返抹压5～6遍，使素灰填实基层表面空隙，其上再抹1mm厚素灰找平； 2. 抹完后用湿毛刷按横向轻轻刷一遍，以便打乱毛细孔通路，增强与第二层的结合	防水层第一道防线
第二层水泥砂浆层	0.4～0.45	4～5	1. 待第一层素灰稍加干燥，用手指按能进入1/4～1/2深时，再抹水泥砂浆层，抹时用力要适当，既避免破坏素灰层，又要使水泥砂浆层压入素砂层内1/4左右，以使第一、二层紧密结合； 2. 在水泥砂浆初凝前后，用扫帚将砂浆层表面扫出横向条纹	起骨架和保护素灰作用
第三层素灰层	0.37～0.4	2	1. 待第二层水泥砂浆凝固并有一定强度后（一般需24h），适当浇水湿润，即可进行第三层，操作方法同第一层； 2. 若第二层水泥砂浆层在硬化过程中析出游离的氢氧化钙形成白色薄膜时，应刷洗干净	防水作用
第四层水泥砂浆层	0.4～0.45	4～5	1. 操作方法同第二层，但抹后不扫条纹，在砂浆凝固前后，分次用铁抹子抹压5～6遍，以增加密实性，最后压光； 2. 每次抹压间隔时间应视现场湿度大小、气温高低及通风条件而定，一般抹压前三遍的间隔时间为1～2h，最后从抹压到压光，夏季10～12h内完成，冬期14h内完成，以免因砂浆凝固后反复抹压而破坏表面的水泥结晶，使强度降低，产生起砂现象	保护第三层素灰层和防水作用
第五层水泥浆层	0.55～0.6	1	在第四层水泥砂浆抹压两遍后，用毛刷均匀涂刷水泥浆一道，随第四层压光	防水作用

4. 施工缝留槎

（1）平面留槎采用的是阶梯坡形槎，要依层次顺序进行接槎，层层搭接紧密。接槎位置一般是留在地面上，也可留在墙面上，但均需离开阴阳角处200mm，如图5-11所示。若在接槎部位继续施工时，需在阶梯形槎面上均匀涂刷水泥浆或抹素灰一道，用以保持接头密实不漏水，如图5-12所示。

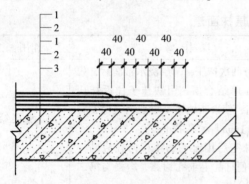

图5-11　平面留槎示意图（单位：mm）　　图5-12　涂刷水泥浆或抹素灰一道

1—砂浆层；2—水泥浆层；3—围护结构

（2）基础面和墙面防水层转角留槎如图5-13所示。

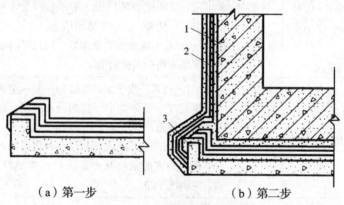

（a）第一步　　　　　（b）第二步

图5-13　转角留槎示意图

1—围护结构；2—水泥砂浆防水层；3—混凝土垫层

5. 砖墙面防水层施工

砖墙面防水层的施工，除第一层外，其他各层操作方法同混凝土墙面操作。先要将墙面浇水湿润，然后在墙面上涂刷一道泥浆，厚度约为1mm，涂刷时，沿水平方向反复涂刷5~6遍，涂刷要均匀，且灰缝处不得遗漏。涂刷后，趁水泥浆呈糨糊状时立即抹第二层防水层。

6. 混凝土地面防水层施工

混凝土地面防水层操作方法与顶板和墙面的不同，主要是素灰层（一、三层）采用的不是刮抹的方法，而是将搅拌好的素灰倒在地面上，用马连根刷往返用力均匀涂刷。第二层和第四层是在素灰初凝前后，将拌好的水泥砂浆在素灰层上均匀铺上，按顶板和墙面施工要求抹压，各层厚度也与两者防水层相同。施工时应由里向外，尽量避免施工时踩踏防水层。

若在防水层表面需做瓷砖或水磨石地面时，可在第四层压光 3~4 遍后，将表面用毛刷扫毛，凝固后再进行装饰面层施工。

7. 石墙面和拱顶防水层施工

先做找平层（一层素灰、一层砂浆），待找平层充分干燥后，用水将其表面湿润，即可进行防水层施工，防水层施工方法同混凝土基层防水。

8. 养护

水泥砂浆防水层凝结后，要立即用草袋覆盖进行浇水养护。

（1）防水层施工完，并砂浆终凝后，表面为灰白色时，使可覆盖浇水养护。养护时先用喷壶慢慢喷水，一段时间后再用水管浇水。

（2）养护时的温度不宜低于 5℃，养护的时间不得少于 14d，夏天应增加浇水次数，但在中午最热时不宜浇水养护，若为易风干部分，应每隔 4h 浇水一次。养护期间要尽量保持覆盖物湿润。

（3）防水层施工后，严禁践踏，在防水层养护完毕后进行其他工程施工应，以免破坏防水层。如地下室、地下沟道比较潮湿，通风不良，可不必浇水养护。聚合物水泥防水砂浆尚未达到硬化状态时，不可浇水养护或是受雨水冲刷，硬化后应采用干湿交替的方法养护。潮湿环境中，可在自然条件下养护。

5.2.3 阳离子氯丁胶乳水泥砂浆防水层施工

1. 配制阳离子氯丁胶乳水泥砂浆

（1）配制前应核检所用材料，各种原材料要保证合格。按照工程的需求，并结合试验确定其砂浆配合比，尤其是氯丁胶乳的掺量。

（2）若用人工搅拌时，拌和应在灰槽内或铁板上，切不可直接在土、砖或水泥地面上拌和，避免氯丁胶乳先行失水、成膜过快而丧失其稳定性。

（3）在搅拌胶乳砂浆过程中，如有干结现象，不可随意加水，以免破坏胶乳的稳定性，而影响砂浆的质量，应该补加配好的浮液，并均匀搅拌。

（4）因氯丁胶乳凝聚较快，拌好的氯丁胶乳水泥砂浆应在 1h 内用完，可根据需要量随拌随用。

（5）氯丁胶乳水泥砂浆的配制应由专人来负责，注意安全，并操作时佩戴橡胶防护手套。

（6）阳离子氯丁胶乳水泥砂浆配合比见表 5-5。

表 5-5 阳离子氯丁胶乳水泥砂浆配合比

材　料	砂浆配方	砂浆配方	净浆配方
普通硅酸盐水泥	1	1	1
中砂	2~2.5	1~3	—
阳离子氯丁胶乳	0.2~0.5	0.25~0.5	0.3~0.4
复合助剂	0.13~0.14	适量	适量
水	适量	适量	适量

2. 基层处理

基层混凝土或砂浆应保证坚固并具有一定的强度，一般不宜低于设计强度的 70%。基层表面要洁净，无灰尘与油污等杂物，施工前宜用水冲刷一遍。基层表面的孔洞与缝隙或是穿墙管道的周围应凿成 V 形（或环形）沟槽，并将其用阳离子氯丁胶乳水泥砂浆堵塞抹平。

3. 抹阳离子氯丁胶乳水泥砂浆

（1）在基层上抹压已拌好的阳离子氯丁胶乳水泥砂浆，且要沿着一个方向边抹边压、一次成活，如图 5 - 14 所示。

图 5 - 14　抹阳离子氯丁胶乳水泥砂浆

（2）施工顺序一般为先立墙后地面，通常立面抹压厚度为 5 ~ 8mm，平面抹压厚度 10 ~ 15mm，若需留槎，要留置阶梯坡形槎。

4. 做水泥砂浆保护层

当氯丁胶水泥砂浆达到初凝时间（约 4h）后，应做水泥砂浆保护层。

5.2.4　有机硅水泥砂浆防水层施工

1. 配制有机硅水泥砂浆

（1）硅水应按配合比将用料称量好，再混合搅匀，不可随意加量，变更配合比。

（2）素浆应按配合比将用料备好，再将水泥放入搅拌桶中，并加水搅拌均匀以备用。

（3）砂浆应将材料的按配合比严格准确称量，再将水泥与砂子投入搅拌机干拌直到色泽一致，再加入定量的硅水搅拌 1 ~ 2min。

（4）防水砂浆各层配合比见表 5 - 6。

表 5 - 6　防水砂浆各层配合比

层　　次	硅水配合比	砂浆配合比
	防水剂:水	水泥:砂:硅水
结合层水泥砂浆	1:7	1:0:0.6
底层防水砂浆	1:8	1:2:0.5
面层防水砂浆	1:9	1:2.5:0.5
穿墙管密封防水混凝土	1:9	水泥:砂:豆石:硅水 = 1:2:3:0.5

2.基层处理

基层表面凿毛后，用水冲洗干净。若基层表面存在凹凸不平或有裂缝、孔洞等缺陷，则需用水泥砂浆或108胶聚合物水泥浆进行修补，干燥后方可进行施工。

3.喷刷硅水

在已处理过的基层上，先喷刷1~2道硅水（防水剂:水=1:7）要求满刷且均匀。

4.抹水泥素浆

喷刷硅水后，立即抹厚为2~3mm的水泥素浆，边抹边压，以确保其与基层能够紧密结合。在素浆层达初凝时，再铺设砂浆层。

5.铺设砂浆层

施工前，先做好阴阳角，再铺抹底层砂浆，厚度为5~6mm，边铺边抹压。铺抹面层砂浆时，厚度约15mm，方法同底层，只是初凝时应压光。

5.2.5　掺外加剂水泥砂浆防水层施工

1.无机铝盐防水砂浆施工

（1）施工时温度不应低于5℃，且不超过35℃；施工不可在雨天、烈日下。阴阳角应做成圆弧形，一般阳角半径为10mm，一般阴角半径为50mm。使用无机铝盐防水剂之前，须先与水均匀混合，然后再将其与水泥和砂均匀搅拌。机械搅拌时间宜为2min。

（2）严格衔接好各工序间，须在上一层没有干燥或终凝时，立即抹下层，以免黏结不牢而降低防水质量。大面积抹防水砂浆时，要每隔100m²左右留出伸缩缝。伸缩缝用防水油膏或其他嵌缝材料进行填堵。施工缝必须留在伸缩缝处。

（3）清理干净基层表面的油垢、灰尘和杂物。将光滑的基层表面须进行凿毛处理，麻面率不小于75%，再用水湿润基层。

（4）在处理好的基面上，均匀刷上一道水泥防水剂素浆来做结合层，用以提高防水砂浆与基层的黏结力，厚度约2mm。

（5）在结合层未干之前，必须立即抹第一层防水砂浆做找平层，厚度约12mm，待赶平压实后，用木抹子搓出麻面。

（6）在找平层初凝后，需立即抹第二层防水砂浆，并用铁抹子往返压实赶光。

（7）在第二层防水砂浆终凝以后，抹面层砂浆厚13mm，可以分两次抹压。抹压前，先在底层砂浆上刷防水净浆一道，随涂刷随抹面层砂浆，厚度不高于7mm，应立即洒水养护，且每天均匀洒水不低于5次，保持潮湿条件下养护时间至少14d。自然养护温度不宜低于5℃。最好不采用蒸汽养护。

2.氯化铁防水砂浆施工

防水层施工8~12h后应覆盖湿草袋养护，如为夏季便要提前。24h后应定期浇水养护至少14d。最好不采用蒸汽养护，若需使用，升温控制应在6~8℃/h，且最高温度不高于50℃。自然养护温度不宜低于5℃。

3.硅酸钠防水砂浆施工

（1）清理干净基层后，并充分浇水湿润，分为两层抹质量比为1:2:0.5（水泥:砂:水）水泥砂浆8mm厚，每次抹厚4mm。第二次时需待第一次砂浆初凝后再进行，第二次抹完砂浆初凝后用木抹子揉擦一次即可。

（2）按水泥:水:防水剂质量比=5:1.5:1来配制防水胶浆。防水胶浆搅拌均匀后，立即用铁抹子刮在湿润垫层表面，厚2mm，确保胶浆与垫层紧密结合。

（3）防水胶浆刮抹1m²左右时，应及时开始在其上刮抹质量比为1:2（水泥:水）水泥砂浆（方法同第一道工序垫层涂抹）。

（4）防水胶浆施工，同第二道工序涂抹防水胶浆。

（5）待防水胶浆刮抹过1m²左右后，应及时在其上用铁抹子刮抹质量比为1:2.5:0.6（水泥:砂:水）的砂浆（操作方法同第一道工序垫层涂抹）。最后用抹子把表面压光。

4. 膨胀剂水泥砂浆防水层施工

（1）砂浆配制。

1）应根据所选水泥的品种、强度等级和工程要求，通过试配来确定配合比。

2）按照选定的配合比将各种原材料准确称量。

3）砂浆搅拌时，需将水泥、砂、AWA－Ⅰ型抗裂防水剂依次投入搅拌机加水均匀搅拌。注意不可将AWA－Ⅰ型抗裂防水剂先溶于水使用。

4）AWA－Ⅰ型防水砂浆参考配合比见表5－7。

表5－7　AWA－Ⅰ型防水砂浆参考配合比

水泥强度等级	配　合　比				砂浆稠度（cm）	抗渗等级
	水泥	AWA－Ⅰ	砂	水		
42.5	1	0.1	2.0	0.45	6~8	>P_8
52.5	1	0.1	2.0	0.45	6~8	>P_8

（2）防水层施工。

1）施工时，在清理干净的基层上抹厚为2~3mm的素浆［水泥:AWA－Ⅰ:水=1:0.1:(0.55~0.6)］，待收浆后再抹5~6mm的防水砂浆。砂浆终凝前，再按上述做法抹素浆、砂浆各一道，待最后一道砂浆收浆后用铁抹子反复抹实压光。

2）砂浆防水层完工后湿润养护24h，养护期不可少于14d。

5.2.6　纤维聚合物水泥砂浆防水层施工

（1）基层必须坚固，并且具有一定的强度。

（2）基层表面要粗糙、洁净、无灰尘、无油污，施工前需用水冲刷干净。

（3）基层表面的平整度需符合规范要求。

（4）基层表面如有孔洞或缝隙，应沿孔洞及缝隙凿成V形沟槽，然后用聚合物水泥砂浆找平。

（5）管道穿过处，应沿管周凿出宽20mm、深20mm的环形沟槽，沟槽内先用聚氨酯嵌缝膏嵌填5~8mm，再用聚合物水泥砂浆找平。

（6）若基层有孔洞或裂隙漏水严重者，应先堵漏，再抹纤维聚合物水泥砂浆。

（7）阴阳角处应抹成圆弧形，按规定要求留设施工缝。

（8）防水层抹面施工12h后，便可喷水养护，但施工温度低于5℃时，不得使用浇水养护，应采取保温措施，或用蓄热法养护。

5.3　涂料防水层

5.3.1　施工要求

1. 地下涂膜防水层构造

地下工程涂膜防水可分为外防外涂和外防内涂两种施工方法，如图5-15、图5-16所示。外防外涂法是先进行防水结构施工，然后将防水涂料涂刷于防水结构的外表面，再砌永久性保护墙或抹水泥砂浆保护层或粘贴软质泡沫塑料保护层。外防内涂法是在地下垫层施工完毕后，先砌永久性保护墙，然后涂刷防水涂料防水层，再在涂膜防水层上花粘沥青卷材隔离层，该隔离层即可作为主体结构的外模板，最后进行结构主体施工。

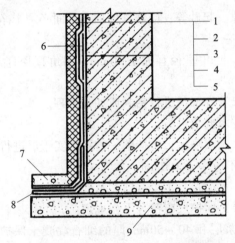

图5-15　防水涂料外防外涂做法

1—保护墙；2—砂浆保护层；3—涂料防水层；

4—砂浆找平层；5—结构墙体；

6—涂料防水层加强层；

7—涂料防水层搭接部位保护层；

8—涂料防水层搭接部位；9—混凝土垫层

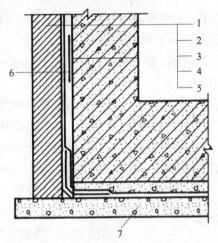

图5-16　防水涂料外防内涂做法

1—保护墙；2—涂料保护层；3—涂料防水层；

4—找平层；5—结构墙体；6—涂料防水加强层；

7—混凝土垫层

2. 施工技术要求

（1）一般要求。

1）涂膜防水层包括无机防水涂料和有机防水涂料。无机防水涂料可选用水泥基防水涂料、水泥基渗透结晶型涂料。有机涂料可选用反应型、水乳型、聚合物水泥防水涂料。

2）无机防水涂料宜用于结构主体的背水面，有机防水涂料宜用于结构主体的迎水面。

用于背水面的有机防水涂料应具有较高的抗渗性，且与基层有较强的黏结性。

（2）设计要求。

1）防水涂料品种的选择应符合下列规定：

①潮湿基层宜选用与潮湿基面黏结力大的无机涂料或有机涂料，或采用先涂水泥基类无机涂料而后涂有机涂料的复合涂层。

②冬季施工宜选用反应型涂料，如用水乳型涂料，温度不得低于5℃。

③埋置深度较深的重要工程、有振动或有较大变形的工程宜选用高弹性防水涂料。

④有腐蚀性的地下环境宜选用耐腐蚀性较好的反应型、水乳型、聚合物水泥涂料并做刚性保护层。

2）采用有机防水涂料时，应在阴阳角及底板增加一层胎体增强材料，并增涂2~4遍防水涂料。

3）水泥基防水涂料的厚度宜为1.5~2.0mm；水泥基渗透结晶型防水涂料的厚度不应小于0.8mm；有机防水涂料根据材料的性能，厚度宜为1.2~2.0mm。

（3）施工要求。

1）基层表面的气孔、凹凸不平、蜂窝、缝隙、起砂等，应修补处理，基面必须干净、无浮浆、无水珠、不渗水。

2）涂料施工前，基层阴阳角应做成圆弧形，阴角直径宜大于50mm，阳角直径宜大于10mm。

3）涂料施工前应先对阴阳角、预埋件、穿墙管等部位进行密封或加强处理。

4）涂料的配制及施工，必须严格按涂料的技术要求进行。

5）涂料防水层的总厚度应符合设计要求。涂刷或喷涂，应待前一道涂层实干后进行；涂层必须均匀，不得漏刷漏涂，施工缝接缝宽度不应小于100mm。

6）铺贴胎体材料时，应使胎体层充分浸透防水涂料，不得有白茬及褶皱。

7）有机防水涂料施工完后应及时做好保护层，保护层应符合下列规定：

①底板、顶板应采用20mm厚1:2.5水泥砂浆层和40~50mm厚的细石混凝土保护，顶板防水层与保护层之间宜设置隔离层。

②侧墙背水面应采用20mm厚1:2.5水泥砂浆层保护。

③侧墙迎水面宜选用软保护层或20mm厚1:2.5水泥砂浆层保护。

5.3.2 涂料防水层细部构造防水处理

1. 涂料防水层甩槎构造

涂膜防水施工属于冷作业施工，只适合地下室结构外防外涂的防水施工作业法，并不适合外防内涂做法。即将涂膜防水涂料涂刷在地下室结构基层面上，形成的涂膜防水层能够适应结构变形。因为涂膜防水层从底板垫层转向外砌块模板墙立面，在转角位置的防水层会出现由于地层产生的相对沉降位移，使建筑物与砌块外模墙不同步沉降而与防水层产生摩擦拉伸损坏防水层，所以防水涂料不可涂在永久性保护墙上，必须采取适合的构造措施，保证所形成的涂膜防水层能适应结构在沉降位移时防水层与砌块模板墙自动分离而牢固附属在结构主体上，从而实现建筑物与防水层同步位移，以免建筑物下沉拉损防水层。

具体措施如图 5 – 17、图 5 – 18 所示。

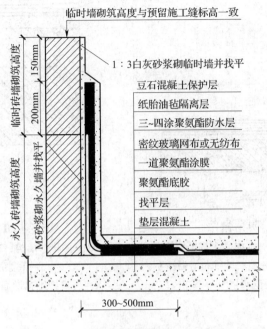

图 5 – 17　聚氨酯涂膜防水层甩槎构造

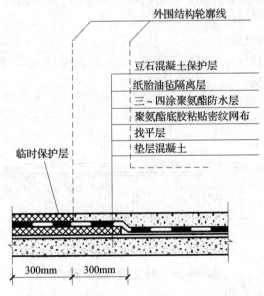

图 5 – 18　聚氨酯涂膜防水层采用回接法甩槎构造

2. 阴阳角做法

在基层涂布底层涂料之后，需先实施增强涂布，同时铺贴好玻纤布，然后再涂布第一道、第二道涂膜，阴角、阳角的做法如图 5 – 19、图 5 – 20 所示。

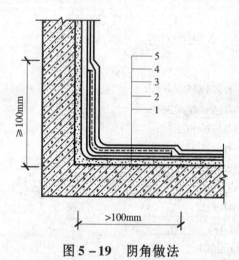

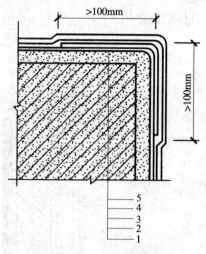

图 5-19　阴角做法

1—需防水结构；2—水泥砂浆找平层；
3—底涂层（底胶）；4—玻璃纤维布增强涂布；
5—涂膜防水层

图 5-20　阳角做法

1—需防水结构；2—水泥砂浆找平层；
3—底涂层（底胶）；
4—玻璃纤维布增强涂布；5—涂膜防水层

3. 管道处理

对于管道根部，先用砂纸将管道打毛，用溶剂洗除油污，管道根部周围基层要保持清洁干燥。在管道根部周围和基层涂刷底层涂料，在底层涂料固化后做增强涂布，然后再涂刷涂膜防水层。

4. 施工缝或裂缝的处理

施工缝或裂缝的处理要先涂刷底层涂料，固化后再铺设 1mm 厚 10cm 宽的橡胶条，然后才可再涂布涂膜防水层，如图 5-21 所示。

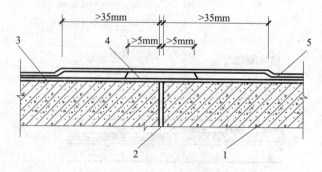

图 5-21　施工缝或裂缝处理

1—混凝土结构；2—施工缝或裂缝、缝隙；3—底层料（底胶）；
4—10cm 自粘胶条或一边粘贴的胶条；5—涂膜防水层

5.3.3　单组分聚氨酯涂膜防水层施工

单组分聚氨酯涂膜防水层适用于民用与工业建筑单组分聚氨酯涂膜防水材料涂刷地下

室防水层工程冷作业施工，并且也可用于水池、沟渠的涂层防水。

单组分聚氨酯涂膜防水层施工操作步骤见表5-8。

表5-8　单组分聚氨酯涂膜防水层施工操作步骤

步　　骤	内容及图示
基层清理	施工前，先清扫干净基层表面的杂物、灰浆硬块、砂粒及灰尘等，然后用干净的湿布擦一次 
细部做附加涂膜层	一般是一布二涂增强涂层，也就是在两遍涂刷涂料中间，再加设一层聚酯无纺或玻纤布。作业时，需均匀涂刷一遍涂料，将布紧贴于第一遍涂层上。将胎布在阴阳角处剪成条形，在管根处胎布剪成块形（或三角形）并紧贴涂层面。随铺布随刷第二遍涂料。第二遍涂刷应在前一遍涂料表干12h之后。两遍涂膜作业完成待24h实干后，才可进行大面积涂膜防水施工  
第一遍涂膜施工	用塑料（或橡胶）刮板在基层表面将单组分聚氨酯防水涂料均匀涂布，要求厚度一致，刮涂量为0.6~0.8kg/m²，涂膜实干后，便可进行下一遍涂膜施工 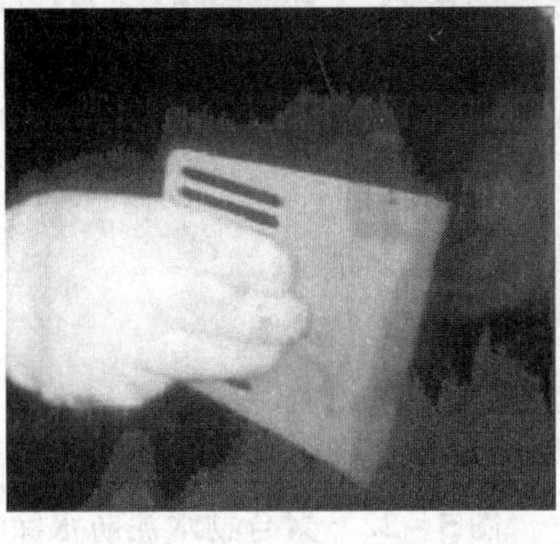

续表 5 – 8

步　骤	内容及图示
第二遍涂膜施工	在第一遍涂膜固化后的涂层上，选用与第一道涂层垂直的方向均匀涂刮单组分聚氨酯涂料，刮涂量同第一遍。一遍与二遍涂刮时间间隔不应小于 24h
第三、四遍涂膜施工和撒干净砂粒	刮涂第三遍涂膜的作业要求和第二遍相同，涂刮方向应与其垂直。第四遍涂刮涂料同前一遍，方向要相反。在第四遍涂膜未固化前，在其表面及时地稀撒砂粒
做涂膜保护层	当单组分聚氨酯防水涂料施工结束，要立即做好保护层 （1）底板、顶板应选用厚 20mm 的 1∶2.5 水泥砂浆层与 40~50mm 厚的细石混凝土保护层； （2）立墙背水面应选用厚 20mm 的 1∶2.5 水泥砂浆保护层； （3）立墙迎水面应选用软保护层（粘贴聚苯泡沫塑料板、聚乙烯泡沫片材）；或抹厚 20mm 1∶2.5 水泥砂浆保护层

5.3.4　聚合物水泥防水涂料施工

1. 工艺流程

特殊部位润湿→附加增强层处理→大面积润湿→刮涂打底层→刮涂下层→铺贴纤维增强布（下层涂膜应达 1mm 厚）→刮涂中层→面层→保护层。

2. 操作方法

聚合物水泥防水涂料的操作方法与聚氨酯防水涂料基本相同，只是涂膜固化机理不同。

（1）基层要求。基层应坚实、平整，达到施工条件后，首先将特殊部位用水润湿，但不得有明水，如图 5 –22 所示。

图 5 –22　聚合物水泥防水涂料的基层清理

（2）配料。按生产材料单位规定液料与粉料的比例配料。在地下工程防水施工中所用液料与粉料的比例，与屋面防水工程所用的液料与粉料配比来比较，地下防水工程中粉料用量大些，一般是液料：粉料 = 10：12 ~ 20。

首先将定量的液料倒入圆形容器内（如需加水，先在液料中加水），然后在液料搅拌情况下徐徐加入定量的粉料，边加料边搅拌，搅拌时间约为 5min，彻底搅拌至混合物料中不含有料团、颗粒为止。

用于地下工程防水时，地下室的基层虽然相对于屋面工程基面潮湿，但为了增加涂料与基层的黏结力，封闭基层毛细孔，基层（打底料）涂料采用低含固量的涂料作为打底层，在配制打底层涂料时适当提高加水量。假如设液料：粉料 = 10：20 的常规比例，此时可加水 30 份，即打底料配比应为：液料：粉料：水 = 10：20：30。

斜面、顶面或立面施工时不加水或少用水，烈日下平面施工应适当加水。

（3）大面积施工。在阴阳角等特殊部位处理好后，开始用辊子、刷子或刮板涂覆，进行大面积施工。涂覆时应使涂层均匀，不得出现局部沉积，也不能过厚或过薄。配比好的涂料在使用时应随时搅拌均匀，以免沉淀。

如涂层需加无纺布时，涂膜下层、无纺布和涂膜中层应连续施工。各层之间的时间间隔以前一层涂膜干固不粘为准，间隔不得过长，避免因间隔时间过长而使涂膜间出现分层。

当环境温度为 200℃，涂料可用时间为 3h 左右，涂层表干时间为 4h 左右，实干时间为 8h 左右。现场环境温度低、湿度大、通风差，可用时间和固化时间会长些，反之短些。

（4）保护层。聚合物水泥防水涂料保护层的做法与聚氨酯防水涂料保护层做法相同。

5.3.5 氯丁橡胶沥青防水涂料施工

1．溶剂型氯丁橡胶

（1）基层须平整、坚实、清洁、干燥。基层不平处，应用高强度等级砂浆填平补齐，阴阳角处做成圆弧角。涂布前应进行表面处理，用钢丝刷或其他机具清刷表面，除去浮灰杂物及不稳固的表层，并用扫帚清理干净。

（2）先在按要求处理好的基层上用较稀的涂料用力涂刷一层底涂层。

（3）待底涂层干燥后（约一昼夜），即可边刷涂料边粘玻璃纤维布。玻璃纤维布铺贴后用排刷刷平，使玻璃纤维布被涂料充分浸透。当第一层玻璃纤维布涂层干燥后，可另刷一遍涂料，再铺贴第二层玻璃纤维布，在其上再刷涂料。玻璃纤维布相互搭接长度应不少于 100mm，上下两层玻璃纤维布接缝应上下错开。粘贴玻璃纤维布后，应检查有无气泡和皱折，如有气泡，则应将玻璃纤维布剪破排除气泡，并用涂料重新粘贴好。

（4）施工注意事项。

1）由于涂料是以甲苯或二甲苯作溶剂，因此应密封。

2）施工现场要注意通风，避免工作人员因吸入过量溶剂而中毒。

2. 水乳型氯丁橡胶

（1）水泥砂浆找平层应坚实、平整，用2m直尺检查，凹处不超过5mm，并平缓变化，每平方米内不多于一处。若不符合上述要求，应用1:3水泥砂浆找平。基层裂缝要修补，裂缝小于0.5mm的，先以稀释防水涂料做二次底涂，干后再用防水涂料反复涂几次。0.5mm以上裂缝，应将裂缝加以适当剔宽，涂上稀释防水涂料，干后用防水涂料或嵌缝材料灌缝，在其表面粘贴30～40mm宽的玻璃纤维网格布条，上涂防水涂料。

（2）将稀释防水涂料均匀涂布于基层找平层上。涂刷时选择在无阳光的早晚进行，使涂料有充分的时间向基层毛细孔内渗透，增强涂层对底层的黏结力。干后再涂刷防水涂料2～3遍，涂刷涂料时应做到厚度适宜，涂布均匀，不得有流淌、堆积现象，以利于水分蒸发，避免起包。

（3）铺贴玻璃纤维网格布，施工时可采用干贴法或湿铺法。前者是在已干的底涂层上干铺玻璃纤维网格布，展平后加以点粘固定；后者是在已干的底涂层上，边涂防水涂料边铺贴玻璃纤维布。

（4）施工注意事项：

1）涂料使用前必须搅拌均匀。

2）不得在0℃以下施工，雨天、风沙天不得施工，夏季太阳曝晒下和后半夜潮露时不宜施工。

3）施工中严禁踩踏未干的防水层，不准穿带钉鞋操作。

5.3.6　再生橡胶沥青防水涂料施工

1. 溶剂型再生橡胶

（1）基层要求平整、密实、干燥，含水率低于9%，不得有起砂酥松、剥落和凹凸不平现象，各种坡度应符合排水要求。基层不平处，应用高强度等级砂浆填平补齐，阴阳角处应做成圆弧角。涂布前应进行表面清理，用钢丝刷或其他机具清刷表面，除去浮灰杂物及不稳固的表层，并用扫帚或吹尘机清理干净。

（2）基层裂缝宽度在0.5mm以下时，可先刷涂料一度，然后用泥子［涂料:滑石粉或水泥=100:（100～120）或（120～180）］刮填。对于较大的裂缝，可先凿宽，再嵌填弹塑性较大的聚氯乙烯塑料油膏或橡胶沥青油膏等嵌缝材料。然后用涂料粘贴一条（宽约50mm）玻璃纤维布或化纤无纺布增强。

（3）处理基层后，用棕刷将较稀的涂料（用涂料加50%汽油稀释）用力薄涂一遍，使涂料尽量向基层微孔及发丝裂纹里渗透，以增加涂层与基层的黏结力。不得漏刷，不得有气泡，一般厚为0.2mm。

（4）按玻璃纤维布或化纤无纺布宽度和铺贴顺序在基层上弹线，以掌握涂刷宽度。中层涂层施工时，应尽量避免上人反复踩踏已贴部位，以防因粘脚而把布带起，影响与基层黏结。

（5）施工注意事项。

1）底层涂层施工未干时，不准上人踩踏。

2）玻璃纤维布与基层必须粘牢，不得有皱折、气泡、空鼓、脱层、翘边和封口不严现象。

3）基层应坚实、平整、清洁，混合砂浆及石灰砂浆表面不宜施工。施工温度为 –10 ~ 40℃下雨、大风天气停止施工。

4）本涂料是以汽油为溶剂，在贮运及使用过程中均须充分注意防火。随用、随倒、随封，以防挥发。存放期不宜超过半年。

5）涂料使用前须搅拌均匀，以免桶内上下浓稀不均。刷底层涂层及配有色面层涂料时，可适当添加少许汽油，降低黏度以利涂刷。

6）配腻子及有色涂料的所有粉料均应干燥，表面保护层材料应洁净、干燥。

7）使用细砂作罩面层时，需用水洗并晒干后方能使用。

8）工具用完用汽油洗净，以便再用。

2. 水浮型再生橡胶

（1）基层要求有一定干燥程度，含水率在 10% 以下。若经水洗，要待自然干燥，一般要求晴天间隔 1d，阴天酌情适当延长。若基层找平材料为现浇乳化沥青珍珠岩，其含湿率应低于 5%。

（2）对基层裂缝要预先修补处理。宽度在 0.5mm 以下的裂缝，先刷涂料一遍，然后以自配填缝料（涂料掺加适量滑石粉）刮填，干于其上用涂料粘贴宽约 50mm 的玻璃纤维布或化纤无纺布；大于 0.5mm 的裂缝则需凿宽，嵌填塑料油膏或其他适用的嵌缝材料，然后粘贴玻璃纤维布或化纤无纺布增强。

（3）在按规定要求进行处理基层后，均匀用力涂刷涂料一遍，以改善防水层与基层的黏结力。干燥固化后，再在其上涂刷涂料 1~2 遍。

（4）将防水涂料用小桶适当地倒在已干燥的底涂层上，随即用长柄大毛刷推刷，一般湿厚度为 0.3~0.5mm。涂刷要均匀，不可过厚，也不得漏刷。然后将预先用圆轴卷好的玻璃纤维布（或化纤无纺布）的一端贴牢，两手紧握布卷的轴端，用力向前滚压玻璃纤维布，随刷涂料随粘贴，并用长柄刷赶走布下的气泡，将布压贴密实。贴好的玻璃纤维布不得有皱纹、翘边、白茬、鼓泡等现象。然后依次逐条铺贴，切不可铺一条空一条。铺贴时操作人员应退步进行。涂膜未干前不得上人踩踏。若须加铺玻璃纤维布，可依第一层玻璃纤维布铺贴方法施工。布的长、短边搭接宽度均应大于 100mm。

（5）施工注意事项。

1）施工基层应坚实，宜等混凝土或水泥砂浆干缩至体积较稳定后再进行涂料施工，以确保施工质量。

2）涂料开桶前应在地上适当滚动，开桶后再用木棒搅拌，以使浓度均匀，然后倒入小桶内使用。

3）如需调节涂料浓度，可加入少量工业软水或冷开水，切忌往涂料里加入常见的硬水，否则将会造成涂料破乳而报废。

4）施工环境气温宜在 10~30℃，并以选择晴朗干爽天气为佳，雨天应暂停施工。

5）涂料每遍涂刷量不宜超过 0.5kg/m²，以免一次堆积过厚而产生局部干缩龟裂。

6）若涂料黏污身体、衣物，短期内可用肥皂水洗净；时间过长涂料干固，无法水洗时，可用松节油或汽油擦洗，然后再用肥皂水清洗。施工工具上黏附的涂料应在收工后立即擦净，以便下次再用。切勿用一般水清洗，否则涂料将速变凝胶，将会使毛刷等工具不能再用。

7）防水层完工后，如发现有皱折，应将皱折部分用刀划开，用防水涂料粘贴牢固，干后在上面再粘一条玻璃纤维布增强；若有脱空起泡现象，则应将其割开放气，再用涂料贴玻璃纤维布补强；倒坡和低洼处应揭开该处防水层修补基层，再按规定做法恢复防水层。

8）水乳型再生胶沥青防水涂料无毒、不燃、贮运安全。但贮运环境温度应大于0℃。

9）注意密封，防水涂料贮存期一般为6个月。

5.4 地下工程排水

5.4.1 渗排水施工

渗排水是先在地下构筑物下面铺设一层碎石或卵石作为渗水层，然后在透水层内设置集水管或排水沟，将水排走。

1. 渗排水法一般规定

（1）宜用于无自流排水条件、防水要求较高且有抗浮要求的地下工程。

（2）渗排水层应设置在工程结构底板以下，并应由粗砂过滤层与集水管组成（见图5-23）。

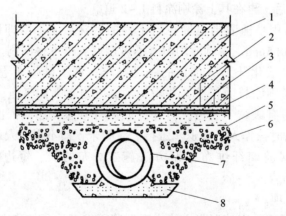

图5-23 渗排水层构造

1—结构底板；2—细石混凝土；3—底板防水层；4—混凝土垫层；
5—隔浆层；6—粗砂过滤层；7—集水管；8—集水管座

（3）粗砂过滤层总厚度宜为300mm，如较厚时应分层铺填，过滤层与基坑土层接触处，应采用厚度100~150mm、粒径5~10mm的石子铺填；过滤层顶面与结构底面之间，宜干铺一层卷材或30~50mm厚的1:3水泥砂浆作隔浆层。

（4）集水管应设置在粗砂过滤层下部，坡度不宜小于1%，且不得有倒坡现象。集水管之间的距离宜为 5～10m。渗入集水管的地下水导入集水井后应用泵排走。

2. 渗排水施工

渗排水施工时，对于有钢筋混凝土底板的结构，要先做底部渗水层，然后进行主体结构和立壁渗排水层施工；对于无底板的，则在主体结构施工后，再进行底部和立壁渗排水层。

（1）基坑挖土，采用人工或小型反铲 PC－200 进行。应综合考虑结构底面积、渗水墙和保护墙的厚度以及施工工作面，来确定基坑挖土面积。基底挖土应将渗水沟成型。

（2）依据放线尺寸砌筑结构周围的保护墙。

（3）与基坑土层接触的部分，要用 5～10mm 小石子或粗砂做滤水层，其总厚度为 100～150mm。

（4）沿渗水沟安放渗排水管，管子相互对接处应留出 10～15mm 的间隙，在做渗排水层时，要将其埋实固定。渗排水管的坡度应不小于 1%，严禁有倒流现象。

（5）分层设渗排水层（即 20～40mm 碎石层）至结构底面。分层铺设厚度不应超过 300mm。渗排水层施工时应用平板振动器将每层轻振压实，要求分层厚度及密实度均匀一致，与基坑周围土接触部位，均应设粗砂滤水层。

（6）隔浆层铺抹。铺抹隔浆层，防止在浇筑结构底板混凝土时，水泥砂浆填入渗排水层而降低结构底板混凝土质量并影响渗排水层的水流畅通。隔浆层可铺油毡或抹厚 30～50mm 的水泥砂浆。水泥砂浆需掌握好拌和水量，砂浆不要太稀，可抹实压平，但不要使用振动器，隔浆层可铺抹至墙边。

（7）待隔浆层养护凝固后，即可施工防水结构，此时应注意不要破坏隔浆层，也不要扰动已做好的渗排水层。

（8）结构墙体外侧模板拆除后，除净结构墙体至保护墙之间的隔浆层，再分层施工渗水墙部分的排水层和砂滤水层。

（9）最后是施工渗排水墙顶部的保护层或混凝土散水坡。散水坡需高于渗排水层外缘且不小于 400mm。

5.4.2　盲沟排水施工

盲沟排水法是指在构筑物四周设置盲沟，使地下水顺着盲沟向低处排走的方法。该法优点是排水效果好，可节约原材料和工程费用。凡是自流排水条件而不存在倒灌可能时，则可采用盲沟排水法，如图 5－24 所示。当地形受到限制时，无自流排水条件，也可以通过盲沟将地下水引入集水井内，然后再用水泵抽走。盲沟排水法也是解决渗漏水的一种措施。盲沟排水适合于地基为弱透水性土层，地下水量不是很大，排水面积较小或常用地下水位低于地下建筑物室内地坪，仅在雨季丰水期的短期内略高于地下建筑物室内地坪的地下防水工程。

1. 盲沟设置

盲沟与基础最小距离的设计要视工程地质情况选定；盲沟设置应符合图 5－25 和图 5－26 的规定要求。

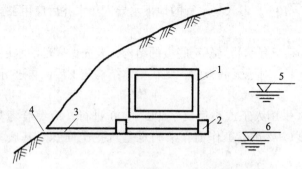

图 5 – 24　盲沟排水示意图

1—地下构筑物；2—盲沟；3—排水管；4—排水口；5—原地下水位；6—降低后地下水位

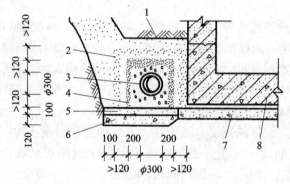

图 5 – 25　贴墙盲沟设置（单位：mm）

1—素土夯实；2—中砂反滤层；3—集水管；4—卵石反滤层；
5—水泥、砂、碎砖层；6—碎砖夯实层；7—混凝土垫层；8—主体结构

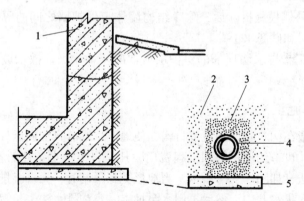

图 5 – 26　离墙盲沟设置

1—主体结构；2—中砂反滤层；3—卵石反滤层；4—集水管；5—水泥、砂、碎砖层

2. 盲沟排水施工

（1）盲沟排水施工。无管盲沟构造形式如图 5 – 27 所示，其断面尺寸的大小要通过水流量的大小来确定。

1）沟槽开挖。按照盲沟位置、尺寸放线，采用人工方式或小型反铲开挖，沟底应按设计坡度找坡，严禁倒坡。

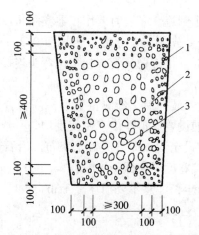

图 5 – 27 无管盲沟构造剖面示意（单位：mm）

1—粗砂滤水层；2—小石子滤水层；3—石子透水层

2）沟底顺平、两壁拍平，然后铺设滤水层。沟底部先铺厚为 100mm 粗砂滤水层；再铺厚 100mm 小石子滤水层，同时铺好小石子滤水层外边缘与土之间的粗砂滤水层；在铺设中间的石子滤水层时，应按分层铺设的方向同时铺好两侧的小石子滤水层和粗砂滤水层。铺设各层滤水层要保持厚度和密实度均匀一致。要防止污物、泥土混入滤水层，靠近土的四周需为粗砂滤水层，再向内四周为小石子滤水层，中间为石子滤水层。

3）设置滤水箅子。盲沟出水口应设置滤水箅子。

（2）埋管盲沟排水施工。埋管盲沟的集水管放置在石子滤水层中央，将石子滤水层周边用玻璃丝布包裹，如图 5 –28 所示。若基底标高相差较小，上下层盲沟可采用跌落井联系。

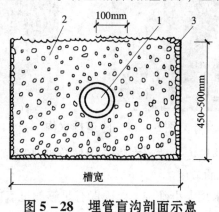

图 5 – 28 埋管盲沟剖面示意

1—集水管；2—粒径 10 ~ 30mm 石子，厚 450 ~ 500mm；3—玻璃丝布

1）放线回填。在基底上，按照盲沟位置、尺寸放线，然后采用人工或机械回填（开挖）。盲沟底应回填灰土，并在填灰土之前找好坡；盲沟壁两侧回填素土至沟顶标高。

2）预留分隔层。按盲沟宽度采用人工或机械将回填土进行刷坡整治，按盲沟尺寸成型。沿着盲沟壁底人工铺设分隔层（土工布）。根据盲沟宽度尺寸并结合相互搭接确定分隔层在两侧沟壁上口的留置长度不少于 10cm。分隔层的预留部分应临时固定在沟上口两侧，并注意保护。

3）铺设石子。在铺好分隔层的盲沟内，人工铺设 17 ~ 20cm 厚的石子，铺设时必须按照排水管的坡度找坡，防止倒流。必要时要用仪器实测每段管底标高。

4）铺设排水管。接头处要先用砖头垫起，再用厚0.2mm薄钢板包裹，以钢丝绑平，并用沥青胶和土工布涂裹两层，垫砖稳好管，拐弯用弯头连接，跌落井应先用红砖或混凝土浇砌，再在外壁安装管件。

5）续铺滤水层。排水管安装完后，经测量管道标高符合设计要求，便可继续铺设石子滤水层至盲沟沟顶。石子铺设要保持厚度、密实度均匀一致，施工时不得损坏排水管。

6）覆盖土工布。石子铺设至沟顶即可覆盖土工布，沿石子表面将预留置的土工布覆盖，并沿顺水方向搭接，搭接宽度不应低于10cm。

7）回填土。最后是回填土，注意不要损坏土工布。

5.4.3 隧道、坑道排水施工

隧道、坑道排水是采取各种排水措施，使地下水能够沿着预设的各种管、沟被排到构筑物外，用以降低地下水位和减少地下工程中渗水量的一类排水工程。

1. 隧道排水

若隧道全长在100m及以下（干旱地区为300m及以下），且常年为干燥，可以不设洞内排水沟，但应整平隧底，做好纵、横向的排水坡。洞内排水沟通常按下列规定设置（见图5-29）：

图5-29　隧道排水沟

（1）水沟坡度要同线路坡度一致。在隧道中的分坡平段范围内和车站内的隧道，排水沟底部应留有不小于1‰的坡度。

（2）水沟断面应按照水量大小确定，以确保有足够的过水能力，且方便清理和检查。单线隧道水沟断面不应低于25cm×40cm（高×宽），双线隧道断面一般应不低于30cm×40cm（高×宽）。

（3）水沟应设置在地下水来源一侧。若地下水来源不明时，曲线隧道水沟应设置在曲线内侧，直线隧道水沟可设置在任意一侧；若地下水较多或采用混凝土宽枕道床、整体道床的隧道最好设置双侧水沟，避免大量水流流经道床而导致道床基底发生病害。

（4）双线隧道可设置双侧或中心水沟；洞内水沟均应铺设盖板。

（5）根据地下水情况，于衬砌墙脚要紧靠盖板底面高程处，并每隔一定距离设置1个10cm×10cm的泄水孔。墙背泄水孔进口高程以下超挖部分需用同级圬工回填密实，以有利于泄水。为便于隧道底排水，不设置仰拱的隧道应做铺底，一般其厚度为10cm。当围岩干燥无水且岩层坚硬不易风化时，可以不铺底，但需整平隧底。对超挖的炮坑必须使用混凝土填平。隧道底部要留出不小于2%的流向排水沟的横向排水坡度，并应适当设置横向进水孔。衬砌背后设置一般不小于5%纵向盲沟的排水坡度，在两泄水孔间呈人字形坡向两端排水。洞口仰坡范围的水，可从洞门墙顶水沟排泄，亦可引入路堑侧沟排泄。洞外路堑的水不宜流入隧道。若出洞方向路堑是上坡时，宜将洞外侧沟做成与线路坡度反向，且一般不小于2‰的坡度。当隧道全长小于300m，路堑水量小，且含泥量少，不易淤积，修建反向侧沟将增加大量土石方和圬工时，可将路堑侧沟的水沿隧道排出。但应验算隧道水沟断面，若不是应予扩大，并在高端洞口设置沉淀井。

2. 贴壁式衬砌排水

贴壁式衬砌围岩渗水，可经盲沟（管）、暗沟导入底部排水系统，其排水系统构造应符合图5-30的规定。

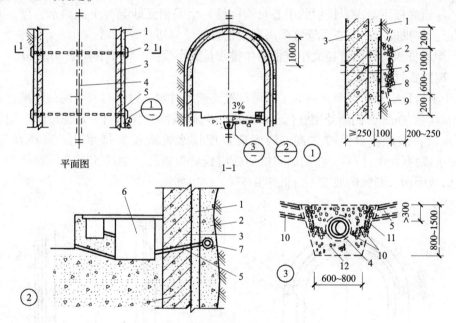

图5-30 贴壁式衬砌排水构造（单位：mm）

1—初期支护；2—盲沟；3—主体结构；4—中心排水盲管；5—横向排水管；6—排水明沟；7—纵向集水盲管；8—隔浆层；9—引流孔；10—无纺布；11—无砂混凝土；12—管座混凝土

（1）环向排水盲沟（管）设置需符合下列规定要求：

1）应将其沿隧道、坑道的周边固定于围岩或初期支护表面。

2）纵向间距宜为5~20m。在水量较大或集中出水点处要加密布置，应与纵向排水盲管相连。

3）盲管与混凝土衬砌接触部位需外包无纺布形成隔浆层。

（2）纵向排水盲管设置应符合下列规定要求：

1）对于纵向盲管应设置在隧道（坑道）两侧边墙下部或底部中间。

2）应与环向盲管和导水管相连接。

3）管径大小应根据围岩或初期支护的渗水量确定，但不得小于100mm。

4）纵向排水坡度应与隧道或坑道坡度保持一致。

（3）横向导水管宜采用带孔混凝土管或硬质塑料管，其设置应符合下列规定要求：

1）横向导水管应与纵向盲管、排水明沟或中心排水盲沟（管）相连接。

2）横向导水管的间距宜为5～25m，坡度宜为2%。

3）横向导水管的直径大小应根据排水量大小确定，但内径不得低于50mm。

（4）排水明沟的设置应符合下列规定要求：

1）排水明沟的纵向坡度应与隧道或坑道坡度保持一致，但不得低于0.2%。

2）排水明沟处应设置盖板和检查井。

3）对于寒冷及严寒地区应采取防冻措施。

（5）中心排水盲沟（管）设置应符合下列规定要求：

1）中心排水盲沟（管）宜设置在隧道底板以下，其坡度和埋设深度应符合设计要求。

2）隧道底板下与围岩接触的中心盲沟（管）宜采用无砂混凝土或渗水盲管，并应设置反滤层；仰拱以上的中心盲管宜采用混凝土管或硬质塑料管。

3）中心排水盲管的直径大小应根据渗排水量大小确定，但不宜小于250mm。

3．离壁式衬砌排水

对于围岩稳定和防潮要求高的工程可设置离壁式衬砌。衬砌与岩壁间的距离，拱顶上部宜为600～800mm，侧墙处不宜低于500mm。衬砌拱部宜作卷材、水泥砂浆、塑料防水板等防水层；拱肩应设置排水沟，沟底应预埋排水管或设置排水孔，直径宜为50～100mm，间距不宜超过6m；在侧墙和拱肩处应设置检查孔，如图5–31所示。侧墙外排水沟应做成明沟，其纵向坡度不应低于0.5%。

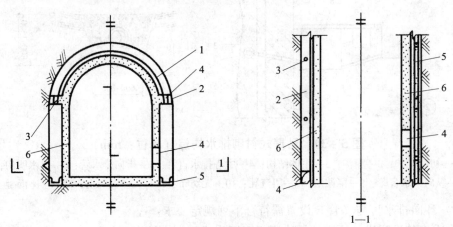

图5–31　离壁式衬砌排水构造

1—防水层；2—拱肩排水沟；3—排水孔；4—检查孔；5—外排水沟；6—内衬混凝土

4．衬套排水

衬套外形要有利于排水，底板宜架空。离壁衬套与衬砌或围岩之间的距离不应小于150mm，在衬套外侧要设置明沟；半离壁衬套应在拱肩处设置排水沟。制作衬套要采用防火、隔热性能好的材料，接缝宜采用嵌缝、黏结、焊接等方法密封。

5.5 地下细部构造防水

1. 变形缝

（1）变形缝应满足密封防水、适应变形、施工方便、检修容易等要求。

（2）用于伸缩的变形缝宜少设，可根据不同的工程结构类别及工程地质情况采用后浇带、加强带、诱导缝等替代措施。

（3）变形缝处混凝土结构的厚度不应小于300mm。

（4）用于沉降的变形缝最大允许沉降差值不应大于30mm。

（5）变形缝的宽度宜为20~30mm。

（6）变形缝的防水措施可根据工程开挖方法、防水等级按表5-9、表5-10选用。变形缝的几种复合防水构造形式如图5-32~图5-34所示。

表5-9　明挖法地下工程防水设防

工程部位		主体结构					施工缝						后浇带			变形缝（诱导缝）					
防水措施		防水混凝土	防水卷材	防水涂料	塑料防水板	膨润土防水材料	金属板	遇水膨胀止水条（胶）	外贴式止水带	中埋式止水带	外抹防水砂浆	外涂防水涂料	水泥基渗透结晶型防水涂料	补偿收缩混凝土	外贴式止水带	预埋注浆管	遇水膨胀止水条（胶）	中埋式止水带	外贴式止水带	可卸式止水带	防水密封材料	外贴防水卷材	外涂防水涂料
防水等级	一级	应选	应选一种至二种					应选二种						应选	应选二种		应选	应选二种					
	二级	应选	应选一种					应选一种至二种						应选	应选一种至二种		应选	应选一种至二种					
	三级	应选	宜选一种					宜选一种至二种						应选	宜选一种至二种		应选	宜选一种至二种					
	四级	宜选	—					宜选一种						应选	宜选一种		应选	宜选一种					

表5-10　暗挖法地下工程防水设防

工程部位		衬砌结构						内衬砌施工缝					内衬砌变形缝（诱导缝）				
防水措施		防水混凝土	塑料防水板	防水砂浆	防水涂料	防水卷材	金属防水层	外贴式止水带	预埋注浆管	遇水膨胀止水条（胶）	防水密封材料	中埋式止水带	水泥基渗透结晶型防水涂料	中埋式止水带	外贴式止水带	可卸式止水带	防水密封材料	遇水膨胀止水条（胶）
防水等级	一级	必选	应选一至二种					应选一至二种						应选	应选一至二种			
	二级	应选	应选一种					应选一种						应选	应选一种			
	三级	宜选	宜选一种					宜选一种						应选	宜选一种			
	四级	宜选	宜选一种					宜选一种						应选	宜选一种			

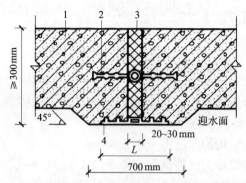

图5-32　中埋式止水带与外贴式防水层复合使用

1—混凝土结构；2—中埋式止水带；3—嵌缝材料；4—外贴止水带

外贴式止水带 $L \geqslant 300\text{mm}$；外贴防水卷材 $L \geqslant 400\text{mm}$；外涂防水涂层 $L \geqslant 400\text{mm}$

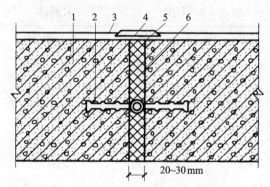

图5-33　中埋式止水带与嵌缝材料复合使用

1—混凝土结构；2—中埋式止水带；3—防水层；4—隔离层；5—密封材料；6—嵌缝材料

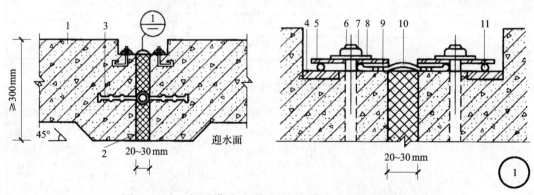

图5-34　中埋式止水带与可卸式止水带复合使用

1—混凝土结构；2—嵌缝材料；3—中埋式止水带；4—预埋钢板；5—紧固件压板；

6—预埋螺栓；7—螺母；8—垫圈；9—紧固件压块；10—Ω形止水带；11—紧固件圆钢

（7）环境温度高于50℃处的变形缝，中埋式止水带可采用金属制作，如图5-35所示。

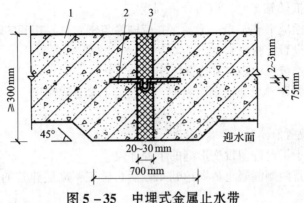

图 5 – 35　中埋式金属止水带

1—混凝土结构；2—金属止水带；3—嵌缝材料

（8）中埋式金属止水带施工应符合下列规定：

1）止水带埋设位置应准确，其中间空心圆环应与变形缝的中心线重合。

2）止水带应固定，顶、底板内止水带应成盆状安设。

3）中埋式止水带先施工一侧混凝土时，其端模应支撑牢固，并应严防漏浆。

4）止水带的接缝宜为一处，应设在边墙较高位置上，不得设在结构转角处，接头宜采用热压焊接。

5）中埋式金属止水带在转弯处应做成圆弧形，（钢边）橡胶止水带的转角半径不应小于200mm，转角半径应随止水带的宽度增大而相应加大。

（9）安设于结构内侧的可卸式止水带施工时应符合下列规定：

1）所需配件应一次配齐。

2）转角处应做成45°折角，并应增加紧固件的数量。

（10）变形缝与施工缝均用外贴式止水带（中埋式）时，其相交部位宜采用十字配件（见图5–36）。变形缝用外贴式止水带的转角部位宜采用直角配件（见图5–37）。

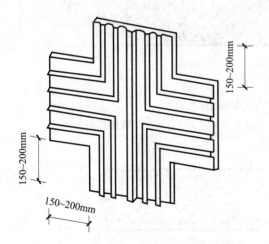

**图 5 – 36　外贴式止水带在施工缝与
变形缝相交处的十字配件**

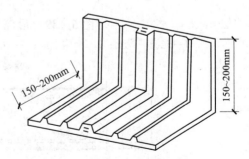

**图 5 – 37　外贴式止水带在
转角处的直角配件**

（11）密封材料嵌填施工时，应符合下列规定：

1）缝内两侧基面应平整干净、干燥，并应刷涂与密封材料相容的基层处理剂。

2）嵌缝底部应设置背衬材料。

3）嵌填应密实连续、饱满，并应黏结牢固。

（12）在缝表面粘贴卷材或涂刷涂料前，应在缝上设置隔离层。

2. 后浇带

（1）后浇带的位置。

1）后浇带宜用于不允许留设变形缝的工程部位。

2）后浇带应在其两侧混凝土龄期达到42d后再施工；高层建筑的后浇带施工应按规定时间进行。

3）后浇带应采用补偿收缩混凝土浇筑，其抗渗和抗压强度等级不应低于两侧混凝土。

4）后浇带应设在受力和变形较小的部位，其间距和位置应按结构设计要求确定，宽度宜为700~1000mm。

5）后浇带两侧可做成平直缝或阶梯缝，其防水构造形式宜采用图5-38~图5-40。

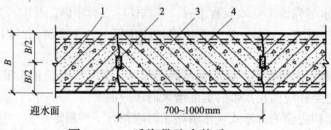

图5-38 后浇带防水构造（一）

1—先浇混凝土；2—遇水膨胀止水条（胶）；3—结构主筋；4—后浇补偿收缩混凝土

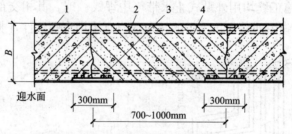

图5-39 后浇带防水构造（二）

1—先浇混凝土；2—结构主筋；3—外贴式止水带；4—后浇补偿收缩混凝土

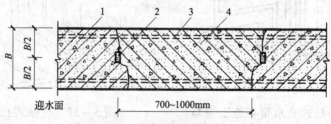

图5-40 后浇带防水构造（三）

1—先浇混凝土；2—遇水膨胀止水条（胶）；3—结构主筋；4—后浇补偿收缩混凝土

6）采用掺膨胀剂的补偿收缩混凝土，水中养护 14d 后的限制膨胀率不应小于 0.015% ，膨胀剂的掺量应根据不同部位的限制膨胀率设定值经试验确定。

（2）后浇带的施工。

1）补偿收缩混凝土的配合比应符合下列要求：

①膨胀剂掺量不宜大于 12% 。

②膨胀剂掺量应以胶凝材料总量的百分比表示。

2）后浇带混凝土施工前，后浇带部位和外贴式止水带应防止落入杂物和损伤外贴式止水带。

3）采用膨胀剂拌制补偿收缩混凝土时，应按配合比准确计量。

4）后浇带混凝土应一次浇筑，不得留设施工缝；混凝土浇筑后应及时养护，养护时间不得少于 28d。

5）后浇带需超前止水时，后浇带部位的混凝土应局部加厚，并应增设外贴式或中埋式止水带（见图 5-41）。

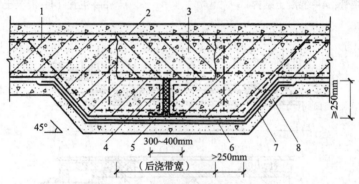

图 5-41 后浇带超前止水构造

1—混凝土结构；2—钢丝网片；3—后浇带；4—填缝材料；5—外贴式止水带；
6—细石混凝土保护层；7—卷材防水层；8—垫层混凝土

3. 穿墙管（盒）

（1）穿墙管（盒）应在浇筑混凝土前预埋。

（2）穿墙管与内墙角、凹凸部位的距离应大于 250mm。

（3）结构变形或管道伸缩量较小时，穿墙管可采用主管直接埋入混凝土内的固定式防水法，主管应加焊止水环或环绕遇水膨胀止水圈，并应在迎水面预留凹槽，槽内应采用密封材料嵌填密实。其防水构造形式如图 5-42、图 5-43 所示。

（4）结构变形或管道伸缩量较大或有更换要求时，应采用套管式防水法，套管应加焊止水环，如图 5-44 所示。

（5）穿墙管防水施工时应符合下列要求：

1）金属止水环应与主管或套管满焊密实，采用套管式穿墙防水构造时，翼环与套管应满焊密实，并应在施工前将套管内表面清理干净。

2）相邻穿墙管间的间距应大于 300mm。

3）采用遇水膨胀止水圈的穿墙管，管径宜小于 50mm，止水圈应采用胶粘剂满粘固定于管上，并应涂缓胀剂或采用缓胀型遇水膨胀止水圈。

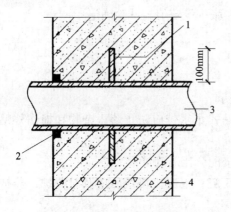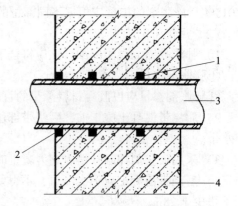

图 5 - 42 固定式穿墙管防水构造（一） **图 5 - 43 固定式穿墙管防水构造（二）**

1—止水环；2—密封材料；   1—遇水膨胀止水圈；2—密封材料；

3—主管；4—混凝土结构   3—主管；4—混凝土结构

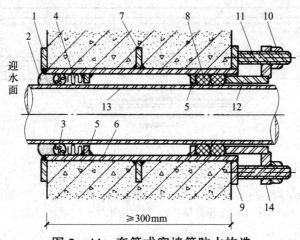

图 5 - 44 套管式穿墙管防水构造

1—翼环；2—密封材料；3—背衬材料；4—充填材料；5—挡圈；6—套管；7—止水环；

8—橡胶圈；9—翼盘；10—螺母；11—双头螺栓；12—短管；13—主管；14—法兰盘

（6）穿墙管线较多时，宜相对集中，并应采用穿墙盒方法。穿墙盒的封口钢板应与墙上的预埋角钢焊严，并应从钢板上的预留浇注孔注入柔性密封材料或细石混凝土，如图 5 - 45 所示。

（7）当工程有防护要求时，穿墙管除应采取防水措施外，尚应采用满足防护要求的措施。

（8）穿墙管伸出外墙的部位，应采取防止回填时将管体损坏的措施。

4. 埋设件

（1）结构上的埋设件应采用预埋或预留孔（槽）等。

（2）埋设件端部或预留孔（槽）底部的混凝土厚度不得小于 250mm；当厚度小于 250mm 时，应采取局部加厚或其他防水措施，如图 5 - 46 所示。

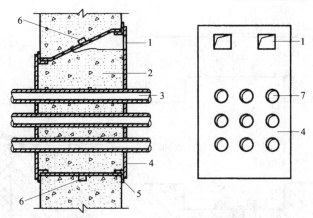

图 5－45　穿墙群管防水构造

1—浇注孔；2—柔性材料或细石混凝土；3—穿墙管；4—封口钢板；

5—固定角钢；6—遇水膨胀止水条；7—预留孔

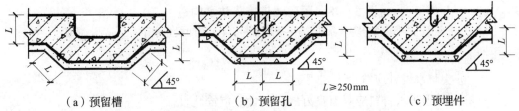

（a）预留槽　　　　　　（b）预留孔　　　　　　（c）预埋件

$L \geqslant 250\text{mm}$

图 5－46　预埋件或预留孔（槽）处理示意

（3）预留孔（槽）内的防水层，宜与孔（槽）外的结构防水层保持连续。

5. 预留通道接头

（1）预留通道接头处的最大沉降差值不得大于30mm。

（2）预留通道接头应采取变形缝防水构造形式，如图 5－47、图 5－48 所示。

（3）预留通道接头的防水施工应符合下列规定：

1）预留通道先施工部位的混凝土、中埋式止水带和防水相关的预埋件等应及时保护，并应确保端部表面混凝土和中埋式止水带清洁，埋设件不得锈蚀。

2）采用图 5－47 的防水构造时，在接头混凝土施工前应将先浇混凝土端部表面凿毛，露出钢筋或预埋的钢筋接驳器钢板，与待浇混凝土部位的钢筋焊接或连接好后再行浇筑。

3）当先浇混凝土中未预埋可卸式止水带的预埋螺栓时，可选用金属或尼龙的膨胀螺栓固定可卸式止水带。采用金属膨胀螺栓时，可选用不锈钢材料或用金属涂膜、环氧涂料等涂层进行防锈处理。

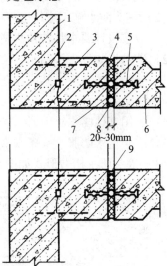

图 5－47　预留通道接头
防水构造（一）

1—先浇混凝土结构；2—连接钢筋；

3—遇水膨胀止水条（胶）；4—填缝材料；

5—中埋式止水带；6—后浇混凝土结构；

7—遇水膨胀橡胶条（胶）；8—密封材料；

9—填充材料

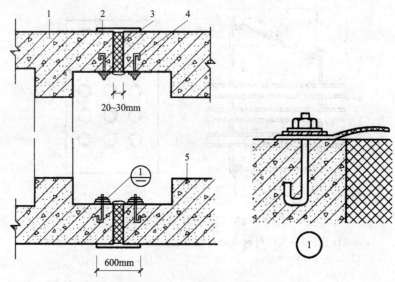

图 5-48 预留通道接头防水构造（二）
1—先浇混凝土结构；2—防水涂料；3—嵌缝材料；4—可卸式止水带；5—后浇混凝土结构

6. 桩头

（1）桩头防水设计应符合下列规定：

1）桩头所用防水材料应具有良好的黏结性、湿固化性。

2）桩头防水材料应与垫层防水层连为一体。

（2）桩头防水施工应符合下列规定：

1）应按设计要求将桩顶剔凿至混凝土密实处，并应清洗干净。

2）破桩后如发现渗漏水，应及时采取堵漏措施。

3）涂刷水泥基渗透结晶型防水涂料时，应连续、均匀，不得少涂或漏涂，并应及时进行养护。

4）采用其他防水材料时，基面应符合施工要求。

5）应对遇水膨胀止水条（胶）进行保护。

（3）桩头防水构造形式如图 5-49、图 5-50 所示。

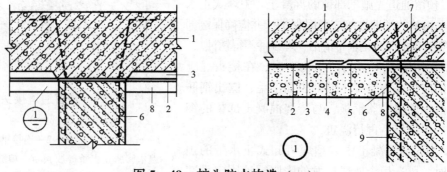

图 5-49 桩头防水构造（一）
1—结构底板；2—底板防水层；3—细石混凝土保护层；4—防水层；5—水泥基渗透结晶型防水涂料；
6—桩基受力筋；7—遇水膨胀止水条（胶）；8—混凝土垫层；9—桩基混凝土

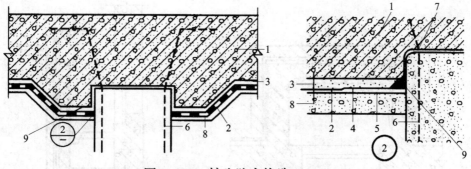

图 5-50 桩头防水构造（二）

1—结构底板；2—底板防水层；3—细石混凝土保护层；

4—聚合物水泥防水砂浆；5—水泥基渗透结晶型防水涂料；6—桩基受力筋；

7—遇水膨胀止水条（胶）；8—混凝土垫层；9—密封材料

7. 孔口

（1）地下工程通向地面的各种孔口应采取防地面水倒灌的措施。人员出入口高出地面的高度宜为 500mm，汽车出入口设置明沟排水时，其高度宜为 150mm，并应采取防雨措施。

（2）窗井的底部在最高地下水位以上时，窗井的底板和墙应做防水处理，并宜与主体结构断开，如图 5-51 所示。

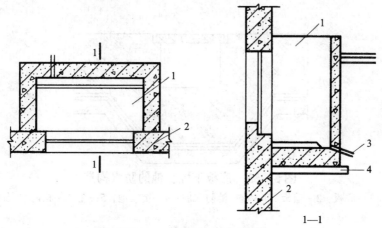

图 5-51 窗井防水构造

1—窗井；2—主体结构；3—排水管；4—垫层

（3）窗井或窗井的一部分在最高地下水位以下时，窗井应与主体结构连成整体，其防水层也应连成整体，并应在窗井内设置集水井，如图 5-52 所示。

（4）无论地下水位高低，窗台下部的墙体和底板应做防水层。

（5）窗井内的底板，应低于窗下缘 300mm。窗井墙高出地面不得小于 500mm。窗井外地面应做散水，散水与墙面间应采用密封材料嵌填。

（6）通风口应与窗井同样处理，竖井窗下缘离室外地面高度不得小于 500mm。

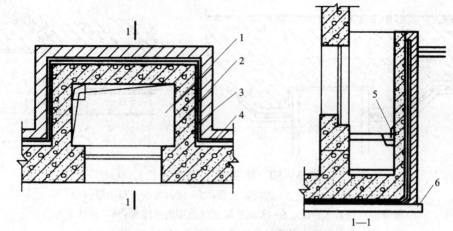

图5-52 窗井与主体相连防水示意图

1—窗井；2—防水层；3—主体结构；4—防水层保护层；5—集水井；6—垫层

8. 坑、池

（1）坑、池、储水库宜采用防水混凝土整体浇筑，内部应设防水层。受振动作用时应设柔性防水层。

（2）底板以下的坑、池，其局部底板应相应降低，并应使防水层保持连续，如图5-53所示。

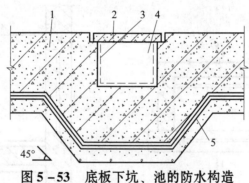

图5-53 底板下坑、池的防水构造

1—底板；2—盖板；3—坑、池防水层；4—坑、池；5—主体结构防水层

5.6 地下工程渗水堵漏

5.6.1 地下工程渗水堵漏一般要求

（1）查清地下室室内地面、墙体渗漏的原因，找出水源和渗漏部位，根据漏水点的位置制定堵修方案。

（2）检查渗漏水的方法：

1）检查慢渗或不明显的渗漏水时，可将潮湿表面擦干，均匀撒一薄层干水泥粉，出现湿痕处即为渗漏水孔眼或缝隙。

2）漏水量较大或比较明显的渗漏水部位，可直接观察确定。

3）如上述方法还不能检查出渗水的位置，可用水泥胶浆（水泥：促凝剂＝1∶1）在渗漏水处均匀涂一薄层，并立即在表面上均匀撒上一薄层干水泥粉，干水泥表面的湿点或湿线处就是漏水的孔或缝。

（3）堵漏的原则是先将大漏、缝漏变为点漏，片漏变为孔漏，逐步缩小渗漏水范围，最后堵住漏水。

（4）堵漏的施工顺序为先堵大漏、后堵小漏，先高处、后低处，先墙身、后底板。

（5）防水材料的选用：

1）防水混凝土配合比应通过试验确定，抗渗等级应高于防水设计要求。掺入的外加剂为防水剂、减水剂、加气剂和膨胀剂等。

2）水泥砂浆应采用掺外加剂或由膨胀水泥制作的水泥砂浆，配合比应根据材料组成按有关规定执行；防水卷材、防水涂料和密封材料，应具备良好的弹塑性、抗渗透性、黏结性、耐腐蚀性和施工性能。

3）所用材料应有产品合格证书和性能检测报告，材料的品种、规格、性能等应符合现有国家产品标准和修缮方案的要求。材料进场应按规定进行抽样复验，提出试验报告，不合格的材料不得在修缮工程中使用。

（6）对结构性裂缝的渗漏水，应在结构处于稳定、裂缝不再继续扩展的情况下进行堵修施工。渗漏墙面、地面堵修部位的松散石子、浮浆等应清除，堵修部位的基层务必牢固，用水冲刷干净，阴阳角处应做成半径为50mm的圆角，严禁在阴阳角处留槎。

5.6.2　地下工程渗水堵漏方案的确定

1.　查找地下工程渗漏来源

对工程周围的水质、水源、土质等情况进行调查，掌握地下水位随季节变化的规律和地表水的影响，以确定工程所承受的大致水压，此外还应了解生产用水、生活用水排放情况和给水排水管道完好状况，以便查明渗漏水的原因，为制订防水方案切断漏水源提供依据。

2.　从结构上分析渗漏水原因

了解结构的强度、刚度是否满足要求，地基是否存在不均匀沉降等问题。因为上述因素都可能导致结构开裂而造成渗漏。修补堵漏工作应在结构稳定，即裂缝不再继续扩展的情况下进行。

3.　检查防水施工及构造做法的质量情况对渗漏的影响

工程实践表明，绝大部分渗漏都与施工质量差有关。因此确定方案时，必须对施工过程中搅拌、浇筑、振捣、养护等各个环节以及施工缝、变形缝留设位置和处理方法等进行了解，以判断工程渗漏水原因。还可通过工程结构上的蜂窝、麻面、孔洞的数量间接了解施工质量对工程渗漏的影响。

4.　检查防水材料的性能质量对渗漏的影响

对工程所用的防水材料进行检验以判断工程渗漏水是否由于材料质量不良或选材不当

而引起。

在对上述四个方面进行分析的基础上．按照处理止水与防水相结合的原则来确定修补堵漏方案。堵漏方案一般分为两方面，首先是堵漏止水，其次是设置永久防水层。

5.6.3 孔洞漏水堵漏方法

1. 直接堵塞法

直接堵塞法通常适用于水压不大（水头在2m左右），且孔洞较小情况下的孔洞渗漏。操作时，可考虑渗漏水量的大小，以漏点为圆心，剔成深度为20~50mm、直径为10~30mm的圆孔，剔孔时孔壁要尽可能与基层垂直，不可存在面大内小的锥形孔。剔孔结束后，将孔洞用水冲洗干净，立即用水泥：水玻璃为1:0.6的水玻璃胶浆或其他胶浆搓成与孔洞直径相同的圆锥体。当胶浆开始凝固时，立即用力将胶浆料塞进孔洞内，并向四周挤压密实，使胶浆料与其紧密结合。操作完后将孔洞周围的水迹擦干，撒上干水泥，检查是否有漏水现象。若无漏水现象时，可再在胶浆表面抹素灰和水泥砂浆各一道，并扫毛砂浆表面。在砂浆有了一定的强度后（夏天为1昼夜，冬季为2~3昼夜），再在其上做防水层。若再出现渗漏现象，则需将所堵塞的胶浆剔除，再次进行堵塞。

2. 下管堵漏法

下管堵漏法通常可用于孔洞较大、水压较高（水头为2~4m）的孔洞堵漏。操作时，可先凿去漏水处四周松散的部位，其剔凿孔洞的大小及深度需考虑漏水的程度及四周混凝土的坚硬程度。孔洞剔好后，在孔洞的底部铺一层碎石。在其上盖一层与孔洞面积大小相等的油毡或铁片，并将一根胶管穿透油毡至碎石内，用来引走渗漏水。胶管插好后，可用促凝水泥胶浆（其水灰比为0.8~0.9）把胶管四周封严，排出胶管内的水。胶管要低于基面1~2cm，如图5-54所示。当胶浆达到一定强度，便可将胶皮管拔出，再按照"直接堵塞法"堵塞所留孔洞。最后在检查是否有漏水，在四周按四层刚性防水层做法做防水层。

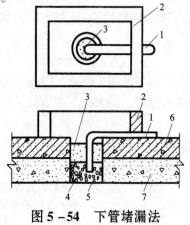

图5-54 下管堵漏法

1—胶皮管；2—挡水墙；3—填胶浆；
4—油毡或铁皮一层；5—碎石；
6—结构；7—垫层

3. 木楔堵漏法

木楔堵漏法通常用于孔洞不大且水压较高（水头在4m以上）时的孔洞渗漏。操作时，先处理好基层，其处理方法和直接堵塞法相同，然后用胶浆将一铁管（其管径视漏水量而定）固定于已剔好的孔洞内，铁管的顶端需比基层低20mm，管子四周的空隙外应用水泥砂浆、素灰压抹好，从管内将水排出。当水管周边的砂浆达到一定的强度后，在铁管内将浸过沥青的木楔打入，并将干硬性砂浆填入，管顶处再各抹上一道素灰、砂浆，如图5-55所示。经过24h后，再检查是否存在渗漏现象，然后再做好防水抹面层，若孔洞较大时，则可用干硬性混凝土打入孔内，以增加强度。

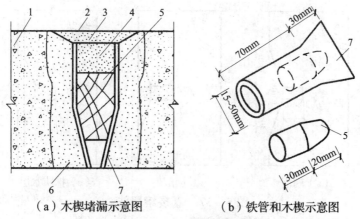

（a）木楔堵漏示意图　　　　（b）铁管和木楔示意图

图 5-55　木楔堵漏法

1—结构物；2—水泥砂浆；3—素灰；4—干硬性砂浆；5—木楔；6—填胶浆；7—铁管

4. 套盒堵漏法

套盒堵漏法适合于水压较大、漏水严重、孔洞较大的情况。将漏水处剔凿成圆形孔洞，在其四周砌筑挡水墙。按照孔洞大小预制混凝土套盒。套盒外半径要比孔洞半径小30mm，套盒上留有数个进水孔及出水孔，在其外壁做好防水层，将表面做成麻面，在孔洞底部铺碎石及芦席，将套盒反扣于孔洞内。在套盒与孔洞壁的空隙中填碎石及胶浆，然后用胶浆把胶管插稳于套盒的出水孔上，将水引到挡水墙外部。在套盒顶面抹好素灰及水泥砂浆，并将砂浆表面扫成毛纹。在砂浆凝固后，拔出胶管，按照直接堵塞法的要求将孔眼堵塞，最后随同其他部分做好防水层，如图 5-56 所示。

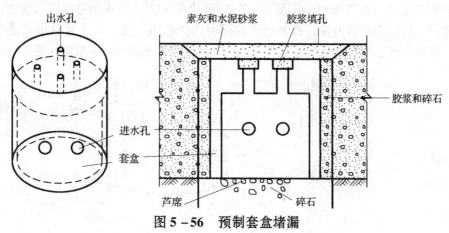

图 5-56　预制套盒堵漏

5.6.4　裂缝渗水堵漏方法

1. 直接堵塞法

此法适用于堵塞水压较小的裂缝渗漏水，如图 5-57 所示。施工时，先顺着裂缝方向以裂缝为中心剔成深约 30mm、宽约 15mm 的八字形边坡沟槽，槽剔好后，用水冲洗干净，将拌好的水泥胶浆捻成条形，在胶浆开始凝固时，立即塞入槽内，并用力将胶浆向槽内和

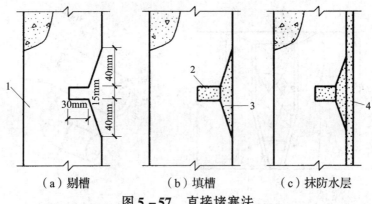

（a）剔槽　　　　　　（b）填槽　　　　　（c）抹防水层

图 5 – 57　直接堵塞法

1—结构物；2—胶浆；3—素灰；4—防水层

沿沟槽两侧挤压密实，并使胶浆与槽壁结合紧密，若裂缝较长，则可分散堵塞。堵塞完后，用棉纱将裂缝周边水迹擦干，并撒上一层干水泥，检查是否存在漏水，确无漏水痕迹时，可选用素灰或砂浆把沟槽抹平并扫毛，在24h凝固后，随其他部位一起做防水层。

2. 下线堵漏法

此法适用于水压较大的裂缝渗漏水，如图 5 – 58 所示。操作时，先沿裂缝剔好沟槽，然后放置一根小绳在沟槽底部沿裂缝，绳径视漏水量大小而定，绳长为 15 ~ 30cm。绳放好后将准备好的胶浆立即压入沟槽内，随后立即将小绳抽出，使渗水沿着绳孔流出，最后堵塞绳孔。若裂缝较长，可分段堵压，在每段留出大约2cm空隙，在空隙处依据漏水量大小，确定采用下钉堵塞法或下管堵塞法将其缩小。若用下钉堵塞法时，用胶浆包在钉杆上，当胶浆开始凝固时迅速插入预留2cm的空隙中并压实，并转动钉杆将其拨出，使水沿钉眼流出。经检查沟槽内除钉眼外已无渗漏时，然后用"孔洞漏水直接堵塞法"将钉眼堵塞，再在沟槽表面抹素灰和砂浆各一道，凝固后和其他部位一起做防水层。

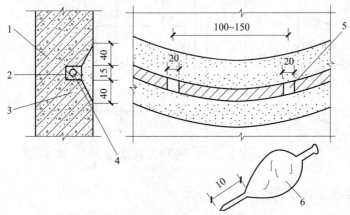

图 5 – 58　下线堵漏法（单位：mm）

1—结构物；2—胶浆；3—素灰；4—小绳；5—预留溢流口；6—铁钉

3. 下半圆铁片堵漏法

此法适用于水压的裂缝急流渗水，如图 5 – 59 所示。操作时同样将漏水处剔成八字形

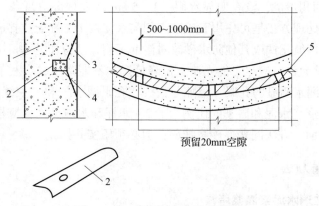

图 5 – 59 下半圆铁片堵漏法
1—结构物；2—半圆铁板；3—素灰；4—胶浆；5—预留溢流口

的边坡沟槽，沟槽尺寸由漏水量大小而定，通常深×宽为 30mm×20mm、40mm×30mm 或 50mm×30mm。凿好沟槽后，浇水冲洗干净，再用薄铁皮弯成长 100～150mm、宽与槽宽相同的半圆形铁皮槽，其中有一些铁皮槽需开圆孔。堵漏时将铁皮沟槽连续排放于沟槽底，至少每隔 500～1000mm 放一个带孔的铁皮槽，以有利于把胶皮管或塑料管插入铁皮槽孔内，将水引出。最后用水泥按裂缝堵塞法分段堵塞，只留出插管空隙。堵塞完毕，经检查没有渗水后，沿沟槽抹一层素灰和砂浆，达到一定强度后，然后按"孔洞漏水直接堵塞法"拔管堵塞，随后和其他部位一起做好防水层。

4. 其他漏水情况处理

（1）地面普遍渗漏水处理。地面发现普遍渗漏水，大多是由于混凝土质量较差。处理前，要鉴定工程结构进行鉴定，当混凝土强度仍能满足设计要求时，方可能进行渗漏水的修堵工作。条件许可时应尽可能将水位降至建筑物底面以下。若不能降水，为有利于施工，把水集中于临时集水坑中排出，将地面上明显的孔眼、裂缝分别按孔洞漏水和裂缝漏水逐个处理，剩下较小的毛细孔渗水，可清洗干净混凝土表面，抹上一层厚为 1.5cm 的水泥砂浆（灰砂比为 1:1.5）。在凝固后，依照检查渗漏水的方法来准确找出渗漏水的位置，按孔洞漏水直接堵漏法堵好。集水坑可以依据预制盒堵漏法处理好，最后整个地面做好防水层。

（2）蜂窝麻面漏水处理。对于混凝土施工质量不良而产生的局部蜂窝麻面的漏水时，可先清洗干净漏水处，在混凝土表面均匀涂抹厚约 2mm 的胶浆一层（水泥:促凝剂 =1:1），然后在胶浆上薄薄撒一层干水泥，干水泥上发现的湿点即为漏水点，及时用拇指压住漏水点至胶浆凝固，按这种方法堵完各漏水点，随即抹上素灰与水泥砂浆，然后扫成毛纹，最后按要求做好防水层。此法适用于漏水量小、水压不大的部位。

（3）大面积渗水处理。修堵大面积渗漏水，应尽可能先将水位降低，以保证能在无水情况下直接进行施工操作。若不能降水，需在渗漏水情况下进行操作时，首先要做好引水工作，使面漏变成线漏，线漏变成点漏，最后按点的处理方法来做堵漏防水。常用的大面积渗漏水修补材料可选用水泥砂浆抹面、膨胀水泥砂浆、氯化铁防水砂浆、环氧煤焦油涂料、环氧贴玻璃布等。

1）慢渗。大面积慢渗，没有明显水眼。3~5min才发现湿痕现象，相隔一段时间才会聚集成一片水。处理方法是可先用五矾防水剂与水泥按1:2配合比拌成胶浆将明显漏水部位堵漏止水，可用氯化铁或其他防水砂浆对渗漏不明显部位作处理。

2）快渗。条件允许时应尽可能先使水位降低。如不能降水，有利于施工可引水于临时集水坑排出，把漏水明显的孔眼、缝隙分别按"孔眼漏水"和"裂缝漏水"依次处理，然后选用水玻璃砂浆（水泥和砂子的比例为1:2，水泥和水玻璃之比应根据施工适宜的和易性来决定）来抹面，方法同普通砂浆抹面，但必须压实并抹光。

5.6.5 灌浆堵漏方法

1. 水泥、水玻璃水泥浆灌浆堵漏

（1）水泥、水玻璃水泥浆灌浆材料的配制。水泥、水玻璃水泥灌浆材料的配合比以及配制方法，见表5-11。

表5-11 水泥、水玻璃水泥灌浆材料的配合比及配制方法

材料名称	配合比（质量比）	配 制 方 法	注 意 事 项
净水泥浆液	一般水灰比采用以下几种： 水泥：水 = 1.5:1、1:1、0.8:1、0.75:1、0.6:1、0.5:1 等	浆液配制时采用机械搅拌。加料时要先加水，在不断搅拌情况下逐渐加入水泥直至搅拌均匀。为防止灌浆时堵塞，水泥最好用 0.5mm 以下的筛子筛过后使用	应用 42.5 级普通硅酸盐水泥，若用泌水性较强的矿渣硅酸盐水泥，可适量掺入三乙醇胺，以降低其泌水性
水玻璃水泥浆液	水玻璃：水泥 = 1:1.15、1:1.5	配制时，将水玻璃溶液徐徐加入已调配好的水泥浆液中，搅拌均匀即可	水玻璃溶液相对密度为 1.15

（2）灌浆堵漏操作。

1）查明漏水部位，再布置注浆孔、排水（汽）孔。注浆孔需交错布置，间距为500~1500mm，可用凿子或电钻打孔，孔径比注浆管直径大30~40mm，并且孔深不小于50mm。打好孔后用水冲洗干净，将注浆管用水泥砂浆固定，并封闭管口四周。若沿裂缝渗水时，应沿裂缝凿成⌐形槽，在槽底放置绳索或砾石排水夹层，在夹层间放置注浆管，排水夹层外用双快水泥砂浆封闭，以保证水从注浆管流出。一般注浆管直径为19~25mm的短钢管，强渗漏时用直径为50~75mm的短钢管。

2）若水流全部被注浆管截取，管周及裂缝封闭砂浆有一定强度时，便可压浆。灌浆次序为先内后外、自下而上的顺序进行，以有利于浆液自里向外、自下而上流动，以免缝内空气被浆液堵塞。

3）压浆使用压力与渗漏程度、结构尺寸和密实情况有关。对于地下水位以下结构，压浆使用压力需高于静水压力，可达0.6~0.8MPa；混凝土结构一般为0.4~0.6MPa；对易变形的砖石结构取0.1~0.3MPa；对200mm厚以下薄壁结构最好不超过0.3~0.4MPa。

4）灌浆时，先开泵使其达到规定压力值，停泵，让灰浆慢慢渗入，当表压下降到 0.1～0.2MPa 时，二次开泵使其升到规定压力值，这样反复进行，直到压力稳定在规定压力值不再下降为止。压力解除后不再有漏水和渗水现象时，该处灌浆完后，移到下一灌浆孔灌筑。

2. 水溶性聚氨酯灌浆材料堵漏

（1）浆液组成。水溶性聚氨酯浆液是由预聚体和一些其他外加剂组成，外加剂同氰凝所用的基本一样。目前国内所用的预聚体主要是高强度浆液和低强度浆液两种。其中高强度浆液的预聚体，是将环氧乙烷聚醚、环氧丙烷聚醚和甲苯二异氰酸酯同时反应制成的预聚体，其材料组成见表 5－12。

表 5－12　高强度浆液预聚体的组成

材　料	作　用	材　料	作　用
环氧丙烷聚醚（604） 环氧乙烷聚醚（80/20） 甲苯二异氰酸酯	主剂 主剂 主剂	邻苯二甲酸二丁酯 二苯甲	溶剂 溶剂

低强度浆液的预聚体，是先制成环氧丙烷、环氧乙烷的混合聚醚，然后再与甲苯二异氰酸酯合制成的预聚体，其组成材料见表 5－13。

表 5－13　低强度浆液预聚体的组成

材　料	作　用
环氧乙烷环氧丙烷共聚醚（分子量 1000～4000）	主剂
甲苯二异氰酸酯（80/20）	主剂

（2）灌浆堵漏操作。

1）基层处理。将漏水部位进行扩缝，一般缝宽为 5～8cm，然后用水冲洗干净。

2）预埋灌浆嘴。在 V 形槽底铺一条宽为 2～3cm 的 U 形薄铁皮，在其下两端埋设灌浆用的厚壁塑料管，其在铁皮下为 8～9cm，埋入固化水泥里的一段塑料管为 6～7cm，放好后用快速高强度固化水泥将 V 形槽封闭，以使水从灌浆管中流出。

3）灌浆。用专用灌浆泵，将堵漏剂从灌浆管中缓缓灌入混凝土裂缝中，当另一端塑料管中有浆液流出时，随即扎住灌浆管，并将另一端塑料管堵住，然后移动一个灌浆嘴继续灌浆。水平缝灌筑时可从一端向另一端；垂直缝灌筑时从下向上顺序，一般灌浆压力控制在 0.2～0.3MPa。

4）表面修整。灌浆完毕，检查是否存在渗漏，无渗漏第二天将灌浆嘴从基层表面切除，在堵漏部位涂刷聚氨酯涂膜橡胶或环氧树脂，再贴玻璃纤维布。

3. 环氧糠醛浆材料堵漏

（1）环氧糠醛浆液的配制。配制环氧糠醛浆液要先要配制环氧糠醛主液。为有利于现场配浆，通常在室内预先将环氧及糠醛混合配成主液，先按体积比加入一定量的稀释剂。对于工地上常用的环氧糠醛主液配合比，见表 5－14。

表5-14 环氧糠醛主液常用配合比

环氧树脂（E-44）	糠醛（工业用）	苯酚（工业用）
100	30	5
100	50	10
100	30	15

配好后，即可在施工现场根据渗水裂缝的宽度来配制不同的环氧糠醛浆液。环氧糠醛浆液中其掺入的稀释剂数量愈大，黏度越小，可灌性越大。对于环氧糠醛浆液施工参考配合比，见表5-15。

表5-15 环氧糠醛浆液施工参考配合比

浆液种类	主液（mL）	稀释剂丙酮（mL）	促凝剂过苯三酚（g）	固定剂半酮亚胺（mL）	黏度（Pa·s）
1	1000	68~58	0~30	288~308	0.2082
2	1000	138~125	0~30	260~386	33.4×10^{-3}
3	1000	192~178	0~30	266~294	18.1×10^{-3}
4	1000	260	0~30	316	—

其中3号浆液可用于0.2mm以上的干、湿裂缝堵漏，无3号浆时用4号浆也可达到较好的效果。表中1号浆黏度较大，最好用于0.5mm以上的裂缝加固。

施工时应根据不同工程状况选用不同的浆液种类，但稀释剂加入量的增加，会导致固结强度，尤其是抗拉强度的降低，应引起足够的重视。

（2）灌浆堵漏操作。

1）堵漏前，吹（刷洗）干净裂缝处用压缩空气（或钢丝刷），表面油污用丙酮或甲苯擦去，对于较宽裂缝凿成凹槽、刷净，潮湿裂缝应让其自然干燥或用喷灯烘烤。

2）用环氧泥子沿裂缝全长固定注浆嘴，注浆嘴用$\varphi 12mm$薄壁钢管制成，其中一端带螺纹连接活接头，注浆嘴间距，对水平缝为200~300mm，垂直缝或斜缝为400~500mm。纵横交错及缝端均需设置注浆嘴，贯通缝两面要交错设置注浆嘴，裂缝表面刮涂100~150mm宽环氧泥子或胶泥封闭，当凝固后通风试气，观察通顺情况，气压保持在0.2~0.4MPa，在封闭带及注浆嘴四周涂肥皂水来组做检查，若发现气泡，表示漏气，应重新封闭。

3）把配好的环氧糠醛浆液装入灌浆桶内，旋紧罐口，将灌浆管接头插入灌浆嘴内，再开动空气压缩机，使压力在0.2~0.5MPa，打开阀门，压缩空气将浆液压入缝中，待邻近注浆嘴有浆液冒出时，可用木塞将注浆嘴封闭。依此方法，顺次将灌浆管插入第二、第三……灌浆嘴，直到灌浆完毕。注浆的顺序，为竖缝应先下后上，横缝应由一端向另一端推进。灌浆完后应用丙酮冲洗管道、容器，擦洗使用工具。为了可以连续灌筑，应预配适量不加固化剂的浆液，边注浆边加入固化剂，拌匀后随时使用。

4．丙凝灌浆堵漏

（1）丙凝浆液的配制。

1）丙凝材料组成。丙凝材料是由六种不同的化合物组成，见表5-16。

表5-16 丙凝材料组成

组别	序号	名 称	作用	比重	状 态	性 质	配方用量（%）	注意事项
甲溶液	1	丙烯酰胺	单体	0.6	水溶性白色晶体	易吸湿、易聚合	5~20	在干燥冷暗处储存
	2	N-N'-甲撑双丙烯酰胺	交联剂	0.6	水溶性白色粉末	与单体交联	0.25~1	在干燥冷暗处储存
	3	β-二甲氨基丙腈	还原剂	0.87	无色透明液体	稍有腐蚀性	0.1~1	在干燥冷暗处储存
	4	氯化亚铁	强还原剂	1.93	水溶性淡绿色结晶	易吸湿、受空气氧化成为高铁盐	0~0.05	需准确称量
	5	铁氰化钾	阻聚剂	1.89	水溶性赤褐色粉末	其水溶液会徐徐分解	0~0.05	需准确称量
乙溶液	6	过硫酸铵	氧化剂	1.98	水溶性白色粉末	易吸湿、易分解	0.1~1	在干燥冷暗处储存

2）丙凝浆液的配制。一般是以丙烯酰胺、N-N'-甲撑双丙烯酰胺的10%作为标准溶液浓度，使用时，按照具体情况可以适当增减，其变化范围通常为7%~15%。配制10%标准水溶液100kg，其配方见表5-17。

表5-17 10%浓度的丙凝水溶液配方

组别	序号	名 称	100kg水溶液中用量（kg）
甲液	1	丙烯酰胺	9.5
	2	N-N'-甲撑双丙烯酰胺	0.5
	3	水	40
	4	β-二甲氨基丙腈	0.4
乙液	5	水	50
	6	过硫酸铵	0.5

为了符合堵水施工的需要，控制丙凝材料凝固时间，可用增减氯化亚铁和铁氰化钾掺量及 pH 值等因素来调节。因此，使用前要做试配工作。

（2）丙凝灌浆操作。

1）基层处理。补漏前，用钢丝刷清刷干净混凝土裂缝处，表面油污用丙酮擦去。若裂缝较大时，应凿成 ⌐ 形槽，并用水冲洗干净，再充分干燥。

2）埋设灌浆嘴。灌浆嘴有不同形式，若使用钻机钻孔可采用楔入式和压环式灌浆嘴，若使用促凝水泥浆埋设的灌浆嘴，可采用埋入式灌浆嘴。对于变形缝的渗水堵漏，灌浆前要先剔凿封闭，并在规定部位埋设灌浆嘴，如图 5-60 所示。

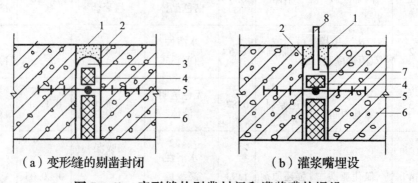

（a）变形缝的剔凿封闭　　　　　（b）灌浆嘴埋设

图 5-60　变形缝的剔凿封闭和灌浆嘴的埋设

1—1:2 水泥砂浆（厚 5cm）；2—纸胎油毡条（弓形）；3—空隙量 5cm；
4—剔后剩余沥青填料；5—失效止水带；6—钢筋混凝土结构；7—空隙量 15cm；8—注浆嘴

3）进行色水示迹试验。封缝后养护数天，当材料有一定强度后做色水试验检查，检查灌浆设备和管路运转情况，封缝和固结浆嘴的强度，并疏通裂缝；再进一步选定注浆参数（如凝结时间、注浆压力、需浆量等）。选择浆液凝胶时间，可按照从开始压入到距进水嘴最远一个浆嘴出现颜色水的间隔时间，通常取这一时间的 3/5～2/3 作为浆液凝固时间。压力应保持在 0.3～0.4MPa。

4）配制浆液。按照色水示迹试验前测定的注浆孔漏水量和试验时测定的灌入水量，并顾全到注浆过程中浆液损失来估计需配制的浆液用量，通常配浆量要大于压入颜色水数量。

浆液凝结时间可按照改变组成材料用量加以调整，所以需在室内先进行试配，并混合配好部分材料，最后在注浆前加入促凝剂，配浆量不宜过多，要做到随配随用。

5）灌浆。灌浆时，将等量甲、乙两液倒入各自储浆罐内，旋紧罐口，再将活塞接头接在灌浆嘴上，开动空气压缩机压缩空气，对甲、乙两个储浆灌内加压，打开储浆罐阀门压缩空气，将甲、乙两液沿输浆管输送到混合室，沿灌浆嘴压入缝内。灌浆时，一般灌浆压力控制在 0.05～0.2MPa，可按灌浆情况随时调整。

6）压注时应注意，在混合室不再进浆后停止压浆，并关闭注浆嘴，从而防止浆液回流。

7）浆液凝固后，剔去注浆嘴，检查注浆效果，必要时可重复注浆。对于使用过的工具，用水洗净后再用。

5. 氰凝灌浆堵漏

（1）氰凝浆液配制。

1）氰凝预聚体配制，其质量组成见表 5-18。

表 5-18 氰凝预聚体配制的组成

项次	材 料 名 称	质 量 比	备 注
1	甲苯二异氰酸酯（TDI）	300	—
2	邻苯二甲酸二丁酯	100	—
3	N-204 聚醚	100	—
4	N-303 聚醚	100	—
5	丙酮	100	可用部分二甲苯

注：1. 预聚体的（—NCO/—OH）值为 2.3。

2. （—NCO/—OH）值增大时，预聚体的黏度随之降低，遇水反应加快，一般在 2～4 之间，比值过大时，预聚体疏松质脆。

2）氰凝浆液配合比见表 5-19。

表 5-19 氰凝浆液配合比

材料名称	规 格	作 用	配合比（质量比）		加料顺序
			Ⅰ	Ⅱ	
预聚体	—	主剂	100	100	1
硅油	201-50 号	表面活化剂	1	—	2
吐温	80 号	乳化剂	1	—	3
邻苯二甲酸二丁酯	工业用	增塑剂	10	1～5	4
丙酮	工业用	溶剂	5～20	—	5
二甲苯	工业用	溶剂	—	1～5	6
三乙胺	试剂	催化剂	0.7～3	0.3～1	7
有机锡	—	催化剂	—	0.15～0.5	8

注：1. 如预聚体混合使用时，可按 TT-1 为 90，TP-1 为 10 采用。

2. 有机锡常用二月硅酸二丁基锡。如无三乙胺时，可用二甲基醇代替。

3. 如浆液黏结太快，可加入少量的对甲苯磺酰氯作为缓凝剂，以使缓凝。

4. 三乙胺加入量视需要胶凝时间而定，用量多，胶凝时间即缩短。

5. 丙酮加入量视裂缝大小而定，用量多，可灌性即可提高，但胶凝体强度降低。

3）氰凝－水泥浆液配制，若在氰凝浆液中加入一定量的水泥，可以加强浆液胶凝体的强度，又可以保留了氰凝浆液一系列的优点。氰凝－水泥浆液用料配合比，见表5－20。

表5－20　氰凝－水泥浆液用料配合比

材料名称		配合比（质量比）			
		TC－1	TC－2	TPC－1	TPC－2
预聚体	TT－1	100	100	80	80
	TP－1	0	0	20	20
增塑剂		10	10	10	10
稀释剂		10	10	10	10
乳化剂		1	1	1	1
水泥		50	80	50	80

（2）氰凝灌浆操作。

1）基层处理。用压缩空气或钢丝刷将混凝土结构上的裂缝处理干净，擦去表面油污用丙酮或二甲苯，并沿裂缝两侧剔成沟槽，用水冲洗干净，并记录裂缝和漏水量情况。

2）布置灌浆孔。灌浆孔要布置在漏水旺盛处及裂缝交叉处，灌浆孔的间距和深度应根据裂缝大小和漏水多少而定，灌浆孔间距一般为500～1000mm为宜，深度不小于50mm。灌浆孔应交错布置，孔径要比灌浆嘴直径大300～400mm。通常布置灌浆孔时，水平裂缝宜沿缝下面向上打斜孔，垂直裂缝最好正对裂缝打直孔。

3）埋设灌浆嘴。通常情况下，为了使灌浆密实，以减少水泥浆液中形成的气孔现象，埋设灌浆嘴应不少于两个，其中一个为排水、排汽用。如果只是单孔漏水也可只埋设一个。当采用埋入式灌浆嘴时，埋设前，将孔洞清理干净，然后用快凝水泥胶浆把灌浆嘴嵌牢于孔洞内，如图5－61所示。

若采用楔入式灌浆嘴时，在灌浆嘴插入部位外壁缠上麻丝，再用锤将灌浆嘴打入孔洞内。

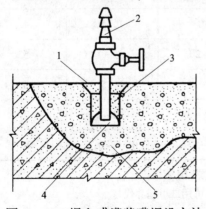

图5－61　埋入式灌浆嘴埋设方法
1—水泥砂浆；2—压浆嘴；3—快凝胶浆；
4—半圆铁片；5—蜂窝孔洞

4）封闭漏水部位。灌浆孔埋好后，用油毡或铁片做成半圆形条，沿缝通长放置，再用水泥胶浆或水泥砂浆将漏水部位封闭，让水只能从灌浆嘴处排出。

5）试灌。若封闭裂缝的水泥胶浆（或水泥砂浆）与灌浆嘴处的水泥胶浆达到一定强度后，用带有颜色水试灌，用来检查除灌浆嘴外，其他部位是否有漏水现象，以免出现漏浆。试灌时要记录灌水量和灌水时间，为确定灌浆量和灌浆压力做参考。

6）灌浆。灌浆时，水平缝要从一端向另一端推进。垂直缝应依据先下后上的顺序进行。

灌浆时可以先选较低处或漏水量较大处开始，灌浆压力最好比地下水压力大 5～10MPa。灌浆开始后，当临近灌浆嘴出水后先不要封闭，见浆液后及时封闭其孔，仍继续压浆，使浆液沿着漏水通道推进，如此逐个进行直到灌浆结束。灌浆后及时用丙酮清洗灌浆机，以便下次再用。

　　7）封闭。灌浆结束，经检查若无漏水现象后，剔除灌浆嘴，将灌浆孔用水泥胶浆封闭。

6 厕浴间防水

6.1 厕浴间防水施工

6.1.1 聚合物防水涂料施工

聚合物防水涂料施工操作步骤见表6-1。

表6-1 聚合物防水涂料施工操作步骤

步骤	内容及图示
基层清理	选用合适的工具将基层清扫干净，不得有浮尘、杂物，不得有明水   
剔槽填补处理	管根、水漏口剔槽后清理干净  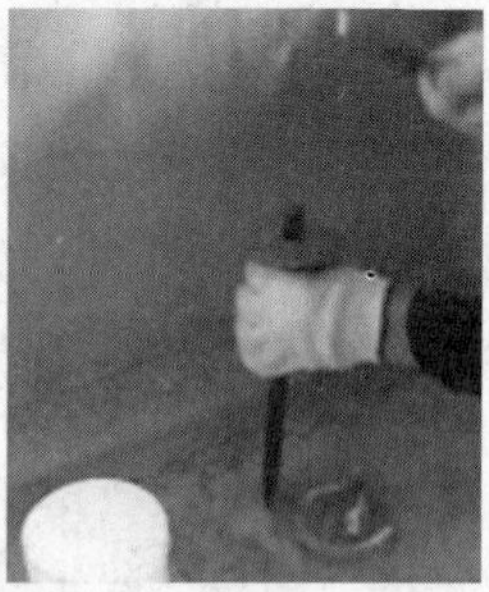

续表 6 – 1

步骤	内容及图示
剔槽填补处理	嵌入止水条，然后用堵漏宝填补  管根处抹成圆弧 
细部附加处理	在地漏、管根、阴阳角等易发生漏水的部位应增加一层加筋布加强处理，首先用橡胶刮板或油漆刷均匀地涂刷一遍聚合物防水涂料，涂刷宽度为 300mm 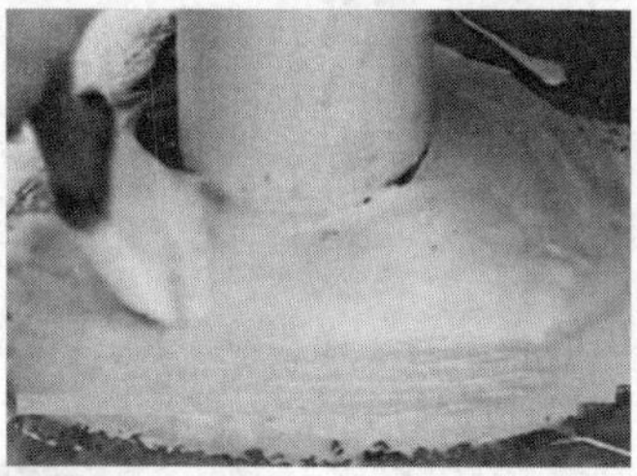 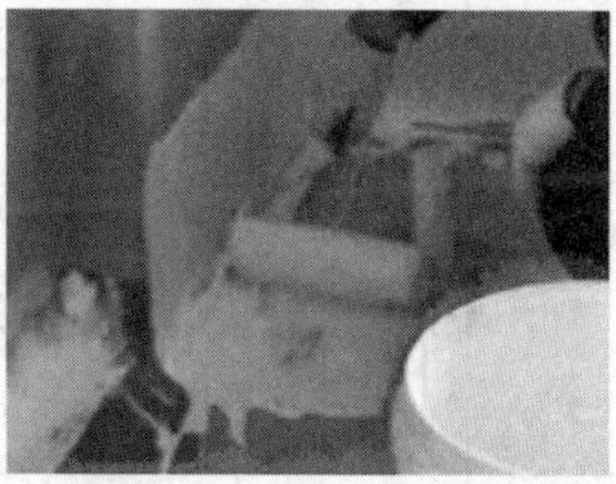 并立即粘贴加筋布进行加筋增强处理。加筋布粘贴时，应用漆刷摊压平整，与下层涂料贴合紧密，搭接宽度为 100mm  

续表 6 –1

步骤	内容及图示
细部附加处理	 表面再涂刷一至二层涂料，使其达到设计要求的厚度 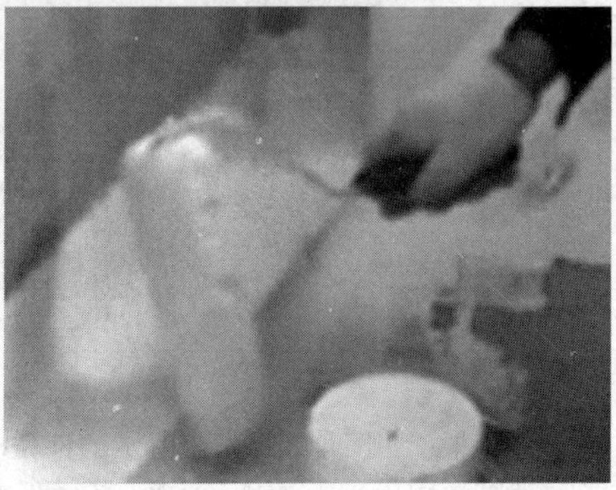
滚刷底涂	底涂是为了提高涂膜与基层的黏结力，而当基层潮湿或在不吸水的干净的基层上使用时，可不做底涂，具体应视现场情况而定。底涂应该薄涂，不露底即可 

续表 6 -1

步骤	内容及图示
涂刷第一道涂层	细部节点处理完毕且涂膜干燥后，进行第一道大面涂层的施工。涂刷时要均匀，不能有局部沉积，并要多次涂刷，使涂料与基层之间不留气泡  
涂刷第二道涂层	在第一道涂层干燥后，一般以手摸不黏手为准，进行第二道涂层的施工。涂刷的方向与第一道相互垂直，干燥后再涂刷下一道涂层。如需要则需要铺贴加筋层，然后涂刷下一道涂层，直到达到设计厚度 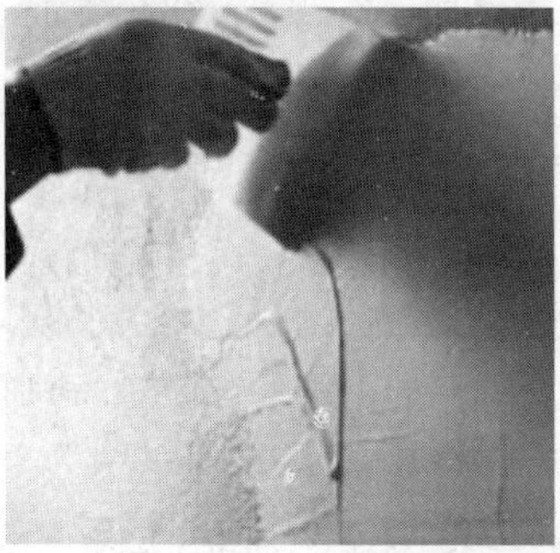
面层涂膜施工	最后一道涂层采用加水稀释的面涂料滚涂一道，以提高涂膜表面的平整、光洁效果 　　涂膜收头时，应采用防水涂料多遍涂刷，以保证其完好的防水效果
质量验收和保护层施工	防水层完工干燥48h后，应做24h蓄水试验，不渗不漏为合格。第一次试水合格后，即可做保护饰面层。保护饰面层施工完毕，应做第二次试水试验，以最终无渗漏为验收合格

6.1.2　聚氨酯防水涂料施工

聚氨酯防水涂料施工操作步骤见表 6 -2。

表 6 – 2 聚氨酯防水涂料施工操作步骤

步骤	内容及图示
清理基层	清扫干净基层，并应保证基层找坡正确，排水顺畅，表面平整、坚实，没有起灰、起壳、起砂及开裂等现象。在涂刷基层处理剂前，表面应达到干燥状态
涂刷基层处理剂	施工时，按 1:1.5:1.5 的比例将聚氨酯甲料与乙料及二甲苯配料，搅拌均匀后，涂刷于基层上。先在阴阳角与管道根部均匀涂刷一遍，然后进行大面积涂刷，材料用量为 0.15 ~ 0.20kg/m²
涂刷附加层防水涂料	在地漏、管道根部及阴阳角等容易渗漏的地方，均匀涂刷一遍附加层防水涂料。它的配合比为甲料:乙料 = 1:1.5
涂刮涂料	1. 将聚氨酯防水涂料甲料:乙料按 1:1.5 的比例进行配料，使用电动搅拌器，搅拌 3 ~ 5min，用胶皮刮板均匀涂刮一遍，用料量为 0.8 ~ 1.0kg/m²，立面涂刮高度不低于 100mm； 2. 第一遍涂料涂膜固化干燥后，要按上述涂刮第二遍涂料。涂刮方向应与第一遍相互垂直，用料量应与第一遍相同；   3. 第二遍涂料固化后，再按方法涂刮第三遍涂料，用料量为 0.4 ~ 0.5kg/m²。三遍聚氨酯涂料涂刮后，其用料量共计为 2.5kg/m²，防水层厚度不应低于 1.5mm
第一次蓄水试验	当防水层完全干燥，便可进行第一次蓄水试验。蓄水试验 24h 后无渗漏时即为合格
稀撒砂粒	在防水层表面边涂聚氨酯防水涂料，同时稀撒砂粒（砂粒不应有棱角），并将未黏结的砂粒及时清扫回收。砂粒黏结固化后，再进行保护层施工
保护层施工	防水层蓄水试验为不渗漏，质量检查合格后，即可进行保护层施工或粘铺地面砖、陶瓷锦砖等饰面层
第二次蓄水试验	厕浴间装饰工程全部完成后，便可进行第二次蓄水试验，用以检验防水层完工后是否被水电或其他装饰工程损坏。蓄水试验检查合格后，厕浴间的防水施工即完成

6.1.3 氯丁胶乳沥青防水涂料施工

氯丁胶乳沥青防水涂料，按照工程需要，防水层可分为一布四涂、二布六涂或只涂三遍防水涂料三种做法，其用量参考见表 6 – 3。

表 6 – 3 氯丁胶乳沥青涂膜防水层用料参考

材　料	三遍涂料	一布四涂	二布六涂
氯丁胶乳沥青防水涂料（kg/m²）	1.2 ~ 1.5	1.5 ~ 2.2	2.2 ~ 2.8
玻璃纤维布（m²/m²）	—	1.13	2.25

1. 施工程序

以一布四涂为例，其施工步骤如下：清理基层→满刮一遍氯丁胶乳沥青水泥泥子→第一遍涂刷涂料→做细部构造增强层→铺贴玻璃纤维布同时涂刷第二遍涂料→第三遍涂刷涂料→第四遍涂刷涂料→蓄水试验→饰面层施工→质量验收→二次蓄水试验。

2. 操作要点

氯丁胶乳沥青防水涂料施工操作步骤见表 6 – 4。

表 6 – 4 氯丁胶乳沥青防水涂料施工操作步骤

步骤	内容及图示
清理基层	清理干净基层上的浮灰、杂物
满刮一遍氯丁胶乳沥青水泥泥子	在清理完的基层上，满刮一遍氯丁胶乳沥青水泥泥子。管道根部和转角处要做到厚刮，并抹平整。泥子的配制方法是：将氯丁胶乳沥青防水涂料倒入水泥中，边倒边搅拌至稠浆状，便可刮涂于基层表面，泥子厚度为 2 ~ 3mm
涂刷第一遍涂料	待上述泥子干燥后，在基层上满刷一遍氯丁胶乳沥青防水涂料（在大桶中搅拌均匀后再倒入小桶中使用）。操作时涂刷不宜过厚，但也不能漏刷，以表面均匀，不流淌、不堆积为宜。立面要刷至设计高度
细部构造做增强层	在阴阳角、管道根、地漏、大便器等细部构造处要分别做一布二涂附加增强层，即将玻璃纤维布（或无纺布）剪成相应部位的形状在上述部位铺贴，并刷氯丁胶乳沥青防水涂料，要贴实、刷平，不得有折皱、翘边现象
铺贴玻璃纤维布，同时涂刷第二遍涂料	当附加增强层干燥后，将玻璃纤维布先剪成相应尺寸后，铺贴于第一道涂膜上，再在上面涂刷防水涂料，使涂料浸透布纹网眼并牢固地粘贴于第一道涂膜上。玻璃纤维布搭接宽度不宜小于 100mm，并顺着流水接槎，从里面向门口铺贴，先做平面后做立面，立面要贴至设计高度，平面与立面的搭接缝需留在平面上，距立面边宜大于 200mm，收口处要压实贴牢
涂刷第三遍涂料	当上遍涂料实干后（一般宜 24h 以上），再满刷第三遍防水涂料，并注意涂刷均匀
涂刷第四遍涂料	待上遍涂料干燥后，便可满刷第四遍防水涂料，如此一布四涂防水层施工完成

续表 6 - 4

步骤	内容及图示
蓄水试验	防水层实干后，便可进行第一次蓄水试验。蓄水 24h 无渗漏水为合格
饰面层施工	蓄水试验合格后，可依据设计要求及时粉刷水泥砂浆或铺贴面砖等饰面层
第二次蓄水试验	方法与目的同聚氨酯防水涂料

6.1.4 地面刚性防水层施工

厕浴间、厨房间用刚性材料做防水层适用的材料是具有微膨胀性能的补偿收缩混凝土和补偿收缩水泥砂浆。补偿收缩水泥砂浆用于厕浴间、厨房间的地面防水，同一种微膨胀剂，要依据不同的防水部位，选择不同的加入量，基本上起到不裂、不渗的防水效果。下面用 U 形混凝土膨胀剂（UEA）为例，介绍其砂浆配制和施工方法。

1. 材料及要求

（1）水泥，32.5 级或 42.5 级普通硅酸盐水泥或矿渣硅酸盐水泥。

（2）UEA，符合《混凝土膨胀剂》GB 23439—2009 的规定。

（3）砂子，中砂，含泥量宜小于 2%。

（4）水，饮用自来水或洁净无污染水。

2. UEA 砂浆的配制

在楼板表面铺抹 UEA 防水砂浆时，需按不同的部位，不同的配制含量 UEA 防水砂浆。不同部位 UEA 防水砂浆的配合比见表 6 - 5。

表 6 - 5 不同防水部位 UEA 防水砂浆配合比

防水部位	厚度 (mm)	C + UEA (kg)	$\frac{UEA}{C+UEA}$ (%)	配合比			水灰比	稠度 (cm)
				水泥	UEA	砂		
垫层	20 ~ 30	550	10	0.90	0.10	3.0	0.45 ~ 0.50	5 ~ 6
防水层（保护层）	15 ~ 20	700	10	0.90	0.10	2.0	0.40 ~ 0.45	5 ~ 6
管件接缝	—	700	15	0.85	0.15	2.0	0.30 ~ 0.35	2 ~ 3

注：C 为水泥。

3. 地面刚性防水层施工

地面刚性防水层施工操作步骤见表 6 - 6。

表 6 - 6 地面刚性防水层施工操作步骤

步骤	内容及图示
基层处理	施工前，清理楼面板基层，除净浮灰杂物，对凹凸不平处使用 10% ~ 12% UEA（灰砂比为 1:3）砂浆补平，并应在基层表面浇水，使基层保护湿润，且不得积水

续表 6 −6

步骤	内容及图示
铺抹垫层	按照 1:3 水泥砂浆垫层配合比，配制灰砂比为 1:3 的 UEA 垫层砂浆，将其铺抹在干净湿润的楼板基层上。铺抹前，根据坐便器的位置，将地脚螺栓准确地预埋在相应的位置上，垫层的厚度为 20～30mm，必须分 2～3 层铺抹，每层应揉浆、拍打密实，垫层厚度要按照标高而定。在抹压的同时，应完成找坡工作，地面向地漏口找坡为 2%，地漏口周围 50mm 范围内向地漏中心找坡为 5%，穿楼板管道根部位向地面找坡为 5%，转角墙部位的穿楼板管道向地面找坡为 5%。分层抹压后，在垫层表面用钢丝刷拉毛
铺抹防水层	在垫层强度能达到上人时，清扫干净地面和墙面，并浇水充分湿润，然后铺抹四层防水层，第一、三层为 10% UEA 水泥素浆，第二、四层为 10%～12% UEA（水泥:砂 =1:2）水泥砂浆层。具体铺抹方法如下： 　　第一层按 1:9 的配合比先将 UEA 和水泥准确称量后，充分均匀干拌，再按水灰比加水拌和成稠浆状，然后用滚刷或毛刷涂抹，厚度为 2～3mm； 　　第二层灰砂比为 1:2，UEA 掺量为水泥重量的 10%～12%，一般采用 10%。当第一层素灰初凝后，即可铺抹，厚度为 5～6mm，凝固 20～24h 后，适当浇水湿润； 　　第三层掺 10% UEA 的水泥素浆层，其具体拌制要求、涂抹厚度与第一层相同，初凝后，便可铺抹第四层； 　　第四层 UEA 水泥砂浆采用的配合比、拌制方法、铺抹厚度均与第二层相同。铺抹时应分次用铁抹子压 5～6 遍，使防水层坚固密实，最后再用力抹压光滑，硬化 12～24h 后便可浇水养护 3d； 　　以上四层施工，应按照垫层的坡度要求来找坡，铺抹的操作方法与地下工程防水砂浆施工方法相同
管道接缝防水处理	待防水层强度达到要求后，将捆绑在穿楼板部位的模板条拆除，清理干净缝壁的乳渣及碎物。并按节点防水做法的要求，涂布素灰浆和填充 UEA，掺量为 15% 的水泥:砂 =1:2 管件接缝防水砂浆，最后浇水养护 7d。蓄水期间，如没有渗漏现象，即为合格；如发生渗漏，找出渗漏部位，并及时修复
铺抹 UEA 砂浆保护层	保护层 UEA 的灰砂比为 1:(2～2.5)，掺量为 10%～12%，水灰比为 0.4。铺抹前，对于要求用膨胀橡胶止水条做防水处理的管道、预埋螺栓的根部以及需用密封材料嵌填的部位，做防水处理。然后就可分层铺抹厚度为 15～25mm 的 UEA 水泥砂浆保护层，并按坡度要求找坡，待硬化 12～24h 后，便可浇水养护 3d。最后，根据设计要求铺设装饰面层

6.1.5　厕浴间防水施工注意事项

（1）厕浴间在施工过程中一定要严格按规范操作，因为一旦发生漏水维修时很困难。

（2）在厕浴间施工不得抽烟，并注意通风。

（3）养护期到后一定要做厕浴间闭水试验，如发现渗漏应及时修补。

（4）操作人员应穿软底鞋，严禁踩踏尚未固化的防水层。在铺抹水泥砂浆保护层时，脚下应铺设无纺布走道。

（5）防水层在施工完毕后，设专人看管保护，不准在尚未完全固化的涂膜防水层上进行其他工序的施工。

（6）防水层施工完毕后，应及时进行验收，及时进行保护层的施工，以减少不必要的损坏返修。

（7）在穿楼板管道和地漏管道施工时，应用棉纱或纸团暂时封口，防止杂物落入，堵塞管道，留下排水不畅或泛水的后患。

（8）在进行刚性保护层施工时，严禁施工机具、灰铲在涂膜表面拖动；施工人员应穿软底鞋在铺有无纺布的隔离层上行走。铲运砂浆时，应精心操作，防止铁锹铲伤涂膜；抹压砂浆时，铁抹子不得在涂膜防水层上磕碰。

（9）厕浴间、厨房用刚性材料做防水层的理想材料是具有微膨胀性能的补偿收缩混凝土和补偿收缩水泥砂浆。补偿收缩水泥砂浆用于厕浴间、厨房间的地面防水，对于同一种微膨胀剂，应根据不同的防水部位，选择不同的加入量，可基本上起到不裂不渗的防水效果。

6.2 厕浴间各节点防水构造

1. 厕浴间排水沟

厕浴间排水沟的防水层，应与地面防水层相互连接，其构造如图6－1所示。

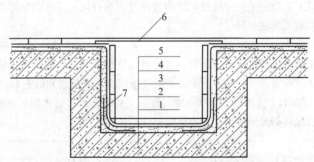

图6－1 厕浴间排水沟防水构造层

1—结构层；2—刚性防水层；3—柔性防水层；4—黏结层；
5—面砖层；6—铁篦子；7—转角处卷材附加层

2. 厕浴间洗涤池排水管

厕浴间洗涤池排水管用传统方法进行排水处理，由于管道狭窄，常因菜渣等杂物堵塞而导致排水不畅，甚至完全堵塞，疏通很困难，给用户带来很大烦恼。如图6－2所示的排水方法，残剩菜渣储存在贮水罐中，不会堵塞排水管，但长期储存，会腐烂变质发生异味，所以应经常清理。吸水弯管头可以卸下，以便于清理。

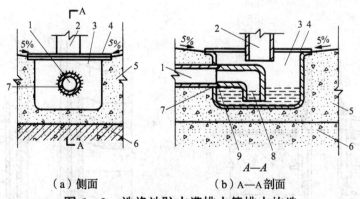

图6-2 洗涤池贮水灌排水管排水构造

1—金属排水管；2—洗涤池排水管；3—金属贮水罐；4—带孔盖板；
5—200mm厚C20细石混凝土台阶；6—楼板；7—满焊连接；8—吸水弯管头；9—插卸式连接

3. 穿楼板管道

（1）基本规定。

1）穿楼板管道通常包括冷水管、暖气管、热水管、煤气管、污水管、排汽管等。一般均在楼板上预留管孔或采用手持式薄壁钻机钻孔成型，再安装立管。管孔宜比立管外直径大40mm以上，若是热水管、暖气管、煤气管时，则应在管外加设钢套管，套管上口应高出地面20mm，下口与板底齐平，留管缝2~5mm。

2）单面临墙的管道，通常离墙应不小于50mm，双面临墙的穿道，一边离墙不低于50mm，另一边离墙不低于80mm，如图6-3所示。

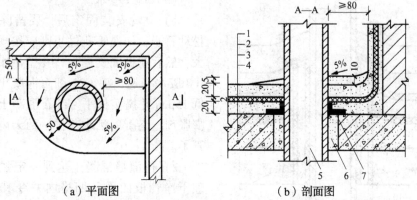

（a）平面图　　　　　　　　　（b）剖面图

图6-3 厕浴间、厨房间穿楼板管道转角墙构造示意图（单位：mm）

1—水泥砂浆保护层；2—涂膜防水层；3—水泥砂浆找平层；4—楼板；
5—穿楼板管道；6—补偿收缩嵌缝砂浆；7—L形橡胶膨胀止水条

3）穿过地面防水层的预埋套管需高出防水层20mm，管道与套管间要留设5~10mm缝隙，缝内要先填聚苯乙烯（聚乙烯）泡沫条，再用密封材料封口，并在其周围加大排水坡度，如图6-4所示。

（2）防水构造。穿楼板管道的防水构造的处理方法有两种，一种是在管道周围嵌填UEA管件接缝砂浆，如图6-5所示；另一种是在上述基础上，在管道外壁箍贴膨胀橡胶止水条，如图6-6所示。

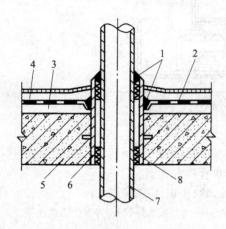

图 6-4　穿过防水层管套

1—密封材料；2—防水层；3—找平层；

4—面层；5—止水环；6—预埋套管；

7—管道；8—聚苯乙烯（聚乙烯）泡沫条

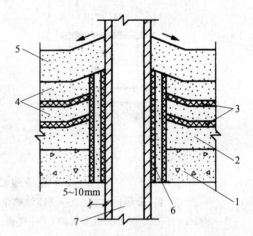

图 6-5　穿楼板管道嵌填 UEA 管件接缝砂浆防水构造

1—钢筋混凝土楼板；2—UEA 砂浆垫层；

3—10% UEA 水泥素浆；

4—（10% ~12% UEA）1:2 防水砂浆；

5—（10% ~2% UEA）1:（2~2.5）砂浆保护层；

6—（15% UEA）1:2 管件接缝砂浆；

7—穿楼板管道

（3）施工要求。

1）立管安装固定后，要凿除管孔四周松动石子，如遇管孔过小则应按规定要求凿大，然后在板底支模板，孔壁洒水湿润，刷108 胶水一遍，灌 C20 细石混凝土，比板面低 15mm 并捣实抹平。细石混凝土中宜掺微膨胀剂。终凝后洒水养护，两天内不得碰动管子。

2）待灌缝混凝土达到一定强度后，清理干净管根四周及凹槽内并令其干燥，凹槽底部要垫牛皮纸或其他背衬材料，并在凹槽四周及管根壁涂刷基层处理剂。再将密封材料挤压在凹槽内，并用泥子刀用力刮压并与板面齐平，确保其饱满、密实、无气孔。

3）地面施工找坡、找平层时，在管根四周均需留有 15mm 宽的缝隙，待地面施工防水层时，再二次嵌填密封材料将其封严，以便使密封材料与地面防水层连接。

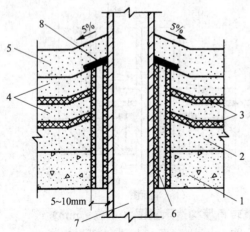

图 6-6　穿楼板管道箍贴膨胀橡胶止水条防水构造

1—钢筋混凝土楼板；2—UEA 砂浆垫层；

3—10% UEA 水泥素浆；

4—（10% ~12% UEA）1:2 防水砂浆；

5—（10% ~12% UEA）1:2~2.5 砂浆保护层；

6—（15% UEA）1:2 管件接缝砂浆；

7—穿楼板管道；8—膨胀橡胶止水条

4）将管道外壁 200mm 高范围内，清除灰浆和油污杂质，涂刷基层处理剂，再依据设计要求涂刷防水涂料。如立管有钢套管时，用密封材料将套管上缝封严。

5）地面面层施工时，在管根四周 50mm 处，至少应高出地面 5mm，呈馒头形。当立管位置在转角墙处，应留出向外 5% 的坡度。

4. 地漏

（1）一般在楼板上预留出管孔，然后再安装地漏。安装固定好地漏立管后，清除干净管孔四周混凝土松动石子，浇水湿润，然后板底支模板，灌注 1:3 水泥砂浆或 C20 细石混凝土，捣实、堵严、抹平，混凝土应掺微膨胀剂。

（2）厕浴间垫层向地漏处找 1% ~ 3% 坡度，当垫层厚度小于 30mm 时需用水泥混合砂浆；大于 30mm 时需用水泥炉渣材料或用 C20 细石混凝土一次找坡、找平、抹光。

（3）地漏上口四周要用 20mm × 20mm 密封材料封严，上面要做涂膜防水层，如图 6-7 所示。

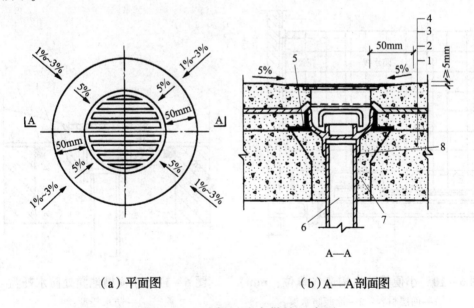

（a）平面图 （b）A—A剖面图

图 6-7 地漏口防水做法示意图

1—钢筋混凝土楼板；2—水泥砂浆找平层；3—涂膜防水层；4—水泥砂浆保护层；

5—膨胀橡胶止水条；6—主管；7—补偿收缩混凝土；8—密封材料

（4）地漏口周围和直接穿过地面或墙面防水层的管道及预埋件的周围与找平层之间应预留出宽 10mm、深 7mm 的凹槽，并用密封材料嵌填，如图 6-8、图 6-9 所示。地漏离墙面的净距离宜为 50 ~ 80mm。

5. 小便槽

（1）小便槽防水构造，如图 6-10 所示。

（2）楼地面防水需做在面层下面，四周卷起至少 250mm 高。小便槽防水层与地面防水层交圈，立墙防水需做到花管以上 100mm 处，两端展开 500mm 宽。

（3）小便槽地漏做法，如图 6-11 所示。

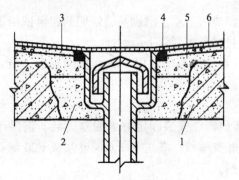

图 6-8 地漏口（一）

1—楼板；2—干硬性细石混凝土；

3—聚合物水泥砂浆；4—密封材料；

5—找平层；6—面层

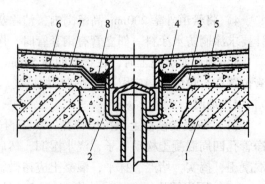

图 6-9 地漏口（二）

1—楼板；2—干硬性细石混凝土；

3—找平层；4—底层；5—面层；6—柔性防水层；

7—附加防水层；8—密封材料

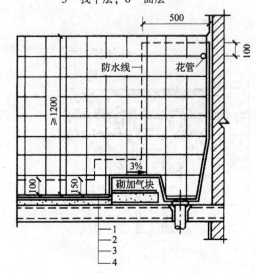

图 6-10 小便槽防水构造（单位：mm）

1—面层材料；2—涂膜防水层；

3—水泥砂浆找平层；4—结构层

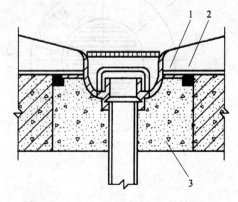

图 6-11 小便槽地漏处防水托盘

1—防水托盘；

2—20mm×20mm 凹槽内嵌填密封材料；

3—细石混凝土灌孔

（4）防水层宜采用涂膜防水材料及做法。

（5）地面泛水坡度宜为 1%~2%，小便槽泛水坡度宜为 2%。

6. 大便器

（1）当大便器立管安装固定后，用 C20 细石混凝土灌孔堵严抹平，并在立管接口处四周嵌填密封材料交圈来封严，尺寸为 20mm×20 mm，上面防水层需做至管顶部，如图 6-12所示。

（2）蹲便器与下水管相连接的部位因最易发生渗漏，所以应选与两者（陶瓷与金属）都有良好黏结性能的密封材料封闭严密，如图 6-13 所示。下水管穿过钢筋混凝土现浇板的处理方法同穿楼板管道防水做法，膨胀橡胶止水条的粘贴方法同穿楼板管道箍贴膨胀橡胶止水条防水做法。

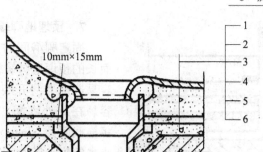

图 6-12 蹲式大便器防水剖面

1—大便器底；2—1:6 水泥焦渣垫层；3—水泥砂浆保护层；4—涂膜防水层；
5—水泥砂浆找平层；6—楼板结构层

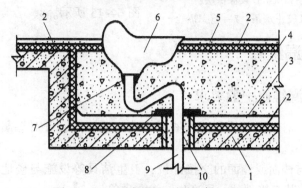

图 6-13 蹲便器下水管防水构造

1—钢筋混凝土现浇板；2—10% UEA 水泥素浆；3—20mm 厚 10%～12% UEA 水泥砂浆防水层；
4—轻质混凝土填充层；5—15mm 厚 10%～12% UEA 水泥砂浆防水层；6—蹲便器；7—密封材料；
8—遇水膨胀橡胶止水条；9—下水管；10—15% UEA 管件接缝填充砂浆

（3）采用大便器蹲坑时，在大便器尾部进水处与管接口可选用沥青麻刀及水泥砂浆封严，外抹涂膜防水保护层。大便器蹲坑根部防水构造，如图 6-14 所示。

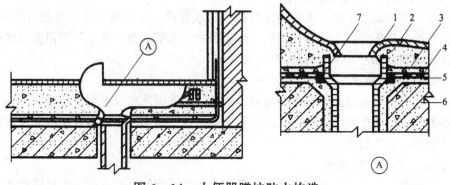

图 6-14 大便器蹲坑防水构造

1—大便器底；2—1:6 水泥炉渣垫层；3—15mm 厚 1:2.5 水泥砂浆保护层；4—涂膜防水层；
5—20mm 厚 1:2.5 水泥砂浆找平层；6—结构层；7—20mm×20mm 密封材料交圈封严

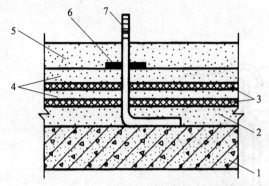

图6-15　预埋地脚螺栓防水构造

1—钢筋混凝土楼板；2—UEA 砂浆垫层；
3—10% UEA 水泥素浆；4—10%~12% UEA 防水砂浆；
5—10%~12% UEA 砂浆保护层；
6—扁平状膨胀橡胶止水条；7—地脚螺栓

7. 预埋地脚螺栓

固定厕浴间的坐便器通常选用的是细而长的预埋地脚螺栓，因固定应力较集中，容易造成器身开裂，若防水处理不好，很容易在此处渗漏。其防水处理的方法是：将横截面为 20mm×30mm 的遇水膨胀橡胶止水条截成 30mm 长的块状，然后将其压成厚度为 10mm 的扁饼状材料，且在中间穿孔，孔径要略小于螺栓直径，铺抹 10%~20% UEA 防水砂浆［水泥∶砂 = 1∶（2~2.5）］保护层之前，把止水薄饼套入螺栓根部，将其平贴在砂浆防水层上即可，如图 6-15 所示。

6.3 厕浴间渗漏维修

6.3.1 厕浴间渗漏维修一般要求

（1）在维修前，对厕浴间进行现场查勘，确定漏水点，针对渗漏原因和部位，制定修缮方案。

（2）检查管道与楼面或墙面的交接部位，卫生洁具等设施与楼地面交接部位、地漏部位、楼面、墙面及其交接部位，所产生的渗漏现象。

（3）在维修防水层时，先做附加层，管根应嵌填密封材料封严。

（4）维修选用的防水材料，其性能应与原防水层材料相容。

（5）在防水层上铺设面层时不应损伤防水层。

6.3.2 厕浴间渗漏部位及原因

1. 大便器与排水管连接处漏水

由于排水管的高度不够，大便器出口插入排水管的深度不够，连接处没有填抹严实；厕浴间内防水处理不好，大便器使用后，地面积水，墙壁潮湿，甚至下层顶板墙壁也出现潮湿和滴水现象，如图 6-16 所示。

2. 地漏下水口渗水

下水口标高与地面或厕浴间设备标高不适应，形成倒泛水，卫生设备排水不畅通，使油毡薄弱部位渗漏或使油毡腐烂；楼板套管上口出地面高度过小，水直接从套管渗漏到下层顶板，如图 6-17 所示。

3. 蹲坑上水接口处漏水

在施工时蹲坑上水接口处被砸坏而未发现，上水胶皮碗绑扎不牢，或用铁丝绑扎后铁丝锈蚀断开，以及胶皮碗与蹲坑上水连接处破裂，使蹲坑在使用后地面积水，墙壁潮湿，造成下层顶板和墙壁潮湿和滴水现象。

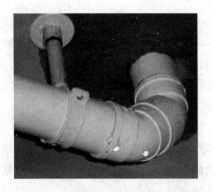
图 6 –16 大便器与排水管连接处漏水

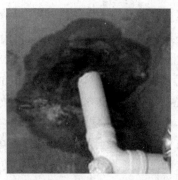
图 6 –17 地漏下水口渗水

4. 下层顶板局部或普遍渗漏

因为油毡做好后成品保护工作未做好而引起的油毡局部老化破裂。另外，由于找平层空鼓开裂，穿楼板管道未做套管，凿洞后洞口未处理好，混凝土内有砖、木屑等杂物，堵洞混凝土与楼板连接处产生裂缝，造成防水层与找平层黏结不牢，形成进水口。水通过缺陷进入结构层，使顶板出现渗漏。

6.3.3 厕浴间楼地面渗漏维修

1. 裂缝维修

对于大于 2mm 的裂缝，应顺着裂缝局部清除面层和防水层，沿裂缝剔凿深度和宽度均不宜低于 10mm 的沟槽，清除浮灰、杂物，在沟槽内嵌填密封材料，铺设胎体增强材料涂膜防水层，并搭接封严，经蓄水试验无渗漏再修复面层；对于小于 2mm 的裂缝，可沿裂缝剔除 40mm 宽面层，将裂缝部位暴露，清除裂缝浮灰、杂物，铺设涂膜防水层，经蓄水试验无渗漏，再修复面层；对小于 0.5mm 裂缝，可以不铲除地面面层，清理裂缝表面后，顺着裂缝走向涂刷两遍宽度不小于 100mm 的无色或浅色的合成高分子涂膜防水层。

2. 倒泛水与积水维修

若地面倒泛水和地漏安装过高造成地面积水时，需凿除相应部位的面层，并修复防水层，再铺设面层后再次安装地漏。地漏接口和翻口外沿嵌填密封材料要求堵严。

3. 穿管部位渗漏维修

若穿过楼地面管道的根部积水渗漏，应沿管子根部轻轻剔凿出宽度和深度均不低于 10mm 的沟槽，清理浮灰、杂物后，槽内要用密封材料嵌填，并在管道与地面交接部位涂刷管道高度及地面厚度不小于 1mm、水平宽度均不小于 100mm 的无色或浅色合成高分子防水涂料；若管道与楼地面间裂缝小于 1mm，应清理干净裂缝部位，绕管道及管道根部地面涂刷两遍合成高分子防水涂料，其中涂刷管道高度及地面水平宽度均不应小于 100mm，涂膜厚度不宜低于 1mm；由于穿过楼地面的套管损坏而造成的渗漏水，应更换套管，要将所设套管要封口，并高出楼地面 20mm 以上，要密封套管根部，如仍渗漏可按前述规定进行修缮。

4. 楼地面与墙面交接部位酥松维修

若楼地面与墙面交接缝渗漏，应清理干净裂缝部位，涂刷带胎体增强材料的涂膜防水层，厚度不应小于1.5mm，平面及立面涂刷范围均应大于10mm；若楼地面与墙面交接部位酥松损坏，应将损坏部位凿除，用1:2水泥砂浆修补基层，涂刷带胎体增强材料的涂膜防水层，要求厚度不应小于1.5mm，平面及立面涂刷范围要超过100mm。新旧防水层搭接宽度（压槎宽度）不宜低于50~80mm；压槎顺序需根据流水方向。按上述规定铺设带胎体增强材料涂膜防水层，并封严贴实。

5. 楼地面防水层翻修

（1）若采用聚合物水泥砂浆翻修时，应凿除面层及原防水层全部，清理干净后，按上述维修在裂缝及节点等部位进行防水处理。涂刷基层处理剂并用聚合物水泥砂浆重新做防水层，经检验合格后方可做面层。

（2）若采用防水涂膜翻修时，面层清理后，基层要求牢固、坚实、平整、干燥。平面与立面相交及转角部位要用做成圆角或弧形。应将卫生洁具、设备、管道（件）安装牢固并将固定预埋件的防腐、防锈、防水和接口及节点的密封处理好。铺设防水层前，要先做附加层。做防水层时，四周墙面涂刷高度不宜低于100mm。在做二层以上涂层施工时，涂层之间相隔时间，应以上一道涂层达到实干为宜。

6.3.4　厕浴间墙面渗漏维修

（1）应凿除并清理干净墙面粉刷起壳、剥落、酥松等损坏部位后，用1:2防水砂浆修补。

（2）墙面裂缝渗漏的维修应按一般墙裂缝修补处理方法。

（3）若涂膜防水层局部损坏，应清除损坏部位，修整基层，并补做涂膜防水层，涂刷范围不宜超过剔除周边50~80mm。若裂缝大于2mm时，必须批嵌裂缝，再涂刷防水涂料。

（4）若穿过墙面管道根部渗漏，宜在管道根部涂刷两遍合成高分子防水涂料。管道根部空隙较大且渗漏水很严重时，应按上述楼地面渗漏维修中"穿管部位渗漏维修"的规定处理。

（5）墙面防水层高度不够引起的渗漏，维修时应符合下列规定要求：

1）维修后的防水层高度应为：淋浴间防水高度不宜低于1800mm；浴盆临墙防水高度不宜低于800mm；蹲坑部位防水高度应高于蹲台地面400mm。

2）在增加防水层高度时，应先将加高部位的基层做处理，新旧防水层之间搭接宽度不宜低于80mm。

（6）浴盆、洗脸盆与墙面交接处渗漏水，要选用密封材料嵌缝做密封处理。

6.3.5　厕浴间节点部位渗漏维修

1. 管道穿过楼地面处渗漏的维修

（1）穿过楼地面管道根部积水渗漏，可沿管道根部剔凿出宽度和深度均不小于10mm的沟槽，清除浮灰、杂物后，槽的内部嵌填油膏。并在管道与地面交接部位涂刷管道高度及地面水平宽度均不小于100mm、厚度不小于1mm的合成高分子防水涂料。注意，在管道根部四周50mm处，防水层至少应高出地面5mm并成馒头形。

（2）管道与楼地面间的裂缝渗漏，可将裂缝部位清理干净，绕管道及管道根部地面涂刷两遍合成高分子涂料，其涂刷管道高度及地面水平宽均不应小于100mm、涂膜厚度不小于1mm。

（3）穿过楼地面的套管损坏渗漏，可更换套管，套管上部高出地面20mm，套管下部与天棚底齐平，套管根部用油膏密封，套管内径与立管外径的环隙做油膏封闭，以防从环隙渗透污水。

2. 地漏周边渗漏的维修

（1）地漏周边孔洞填堵的混凝土疏松、不密实则应全部凿除，重新支模，并用C20细石混凝土灌筑严实。

（2）地漏上口排水不畅，可将地漏周边地面凿除，重新找坡做地漏。若地漏的标高高于地面，则应取除地漏，降低地漏标高，重新做好地漏及防水。地漏上口表面四周边缘向外50mm内的排水坡度应加大至5%做成"八"字形，低于地面，地面砂浆应覆盖地漏周边，如图6-18所示。

（3）地漏杯口与楼地面间的裂缝渗漏维修，可先将裂缝部位凿槽并清理干净，在槽内嵌填密封油膏，然后绕地漏杯口地面涂刷两遍合成高分子涂料，其涂刷宽度不小于100mm，涂膜厚度不小于1mm进行封堵。

3. 楼地面与墙面交接部位渗漏的维修

将渗漏处地面及踢脚处面层凿除，墙根剔出水平槽，槽高为60mm、深为40mm左右。槽内先用防水油膏填嵌密实，再用防水砂浆同时抹好地面及踢脚。

4. 蹲式大便器冲水管进口渗漏水

蹲式大便器冲水管进口渗漏水，使蹲式大便器下边积水渗漏，原因主要是大便器冲水管接口处胶皮碗绑扎不牢，或绑扎胶皮碗用的铜丝已经锈蚀断裂，引起胶皮碗与冲水管松动，或胶皮碗破损，导致接口处渗漏。

维修时要錾开大便器冲水管进口处的地面，检查胶皮碗有无损坏，必要时重新更换胶皮碗，使胶皮碗大头一端套入大便器进水口，小头一端套入冲水管上，分别用14号铜丝扎紧，使连接牢固。安装时注意冲水立管必须与大便器呈直角相连接，如图6-19所示。

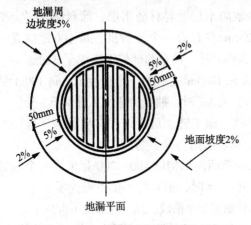

图6-18 地漏上口表面四周
排水坡度要求

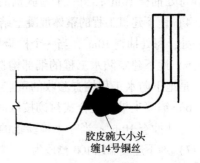

图6-19 蹲式大便器冲水管进口
胶皮碗连接方法

7 防水工程施工质量验收

7.1 防水工程检验批的划分与验收

1. 检验批的划分

（1）屋面工程检验批划分。屋面工程验收时应将分项工程划分成一个或若干个检验批，以检验批作为工程质量检验的最小单位。屋面工程各分项工程的施工质量检验批划分，应符合以下规定：

1）如屋面标高不同，不同标高处的屋面宜单独作为一个检验批进行验收。

2）如屋面工程划分施工段，各构造层次分段施工时，各施工段宜单独作为一个检验批进行验收。

3）当屋面有变形缝时，变形缝两侧宜作为两个检验批进行验收。

4）接缝密封防水，宜以接缝长度 500m 为一个检验批，每 50m 抽查一处，每处 5m，当一个检验批的接缝长度小于 150m 时，抽查的部位不得少于 3 处。

5）卷材防水屋面、涂膜防水屋面、刚性防水屋面、瓦屋面和隔热屋面工程，宜以屋面面积 $1000m^2$ 左右为一个检验批，每 $100m^2$ 抽查一处，每处抽查 $10m^2$，当一个检验批的面积小于 $300m^2$ 时，抽查的部位不得少于 3 处。

6）屋面工程的细部构造是屋面工程质量检验的重点，作为一个检验批进行全数检查。

（2）地下防水工程检验批划分。地下防水工程验收时应将分项工程划分成一个或若干个检验批，以检验批作为工程质量检验的最小单位。地下防水工程各分项工程的施工质量检验批，宜按以下原则划分：

1）当地下工程有变形缝时，变形缝两侧宜作为两个检验批进行验收。

2）如地下防水工程划分施工段，各分项工程分段施工时，各施工段宜单独作为一个检验批进行验收。

3）地下建筑工程的附加防水层，如水泥砂浆防水层、卷材防水层、涂料防水层、塑料板防水层、金属板防水层等，以施工面积 $1000m^2$ 左右为一个检验批，每 $100m^2$ 抽查一处，每处抽查 $10m^2$；当一个检验批的面积小于 $300m^2$ 时，抽查的部位不得少于 3 处。

4）地下建筑工程的整体混凝土结构以外露面积 $1000m^2$ 左右为一个检验批，每 $100m^2$ 抽查一处，每处抽查 $10m^2$；当一个检验批的面积小于 $300m^2$ 时，抽查的部位不得少于 3 处。

5）地下建筑防水工程的细部构造，如变形缝、施工缝、后浇带、穿墙管道、埋设件等，是地下防水工程检查验收的重点，作为一个检验批进行全数检查。

6）锚喷支护和复合式衬砌按区间或小于区间断面的结构以 100~200 延米为一个检验批，每处抽查 $10m^2$；当一个检验批的长度小于 30 延米时，抽查的部位不得少于 3 处。

7）地下连续墙以 100 槽为一个检验批，每处抽查 1 个槽段，抽查的部位不得少于 3 处。

8）盾构法隧道以 200 环为一个检验批，每处抽查一环，抽查的部位不得少于 3 处。

9）预注浆、后注浆以注浆加固或堵漏面积 $1000m^2$ 为一个检验批，每处抽查 $10m^2$；

当一个检验批的面积小于 300m² 时，抽查的部位不少于 3 处。

10）排水工程可按排水管、沟长度 1000m 为一个检验批，每处抽查 10m，或将排水管、沟以轴线为界分段，按排水管、沟数量 1000 个为一个检验批，每处抽查 1 段，抽查数量不少于 3 处。

11）衬砌裂缝注浆以可按裂缝条数 100 条为一个检验批，每条裂缝为一处；当裂缝条数少于 30 条时，抽查的条数不少于 3 条。

2. 检验批的验收

检验批是工程验收的最小单位，是分项工程、分部工程、单位工程质量验收的基础。检验批是施工过程中条件相同并有一定数量的材料、构配件或安装项目，由于其质量水平基本均匀一致，因此可以作为检验的基本单元，并按批验收。检验批质量验收合格应符合下列规定：

（1）主控项目的质量经抽样检验均应合格。

（2）一般项目的质量经抽样检验合格。当采用计数抽样时，合格点率应符合有关专业验收规范的规定，且不得存在严重缺陷。对于计数抽样的一般项目，正常检验一次、二次抽样可按表 7 - 1、表 7 - 2 判定。

表 7 - 1 一般项目正常检验一次抽样判定

样 本 容 量	合格判定数	不合格判定数
5	1	2
8	2	3
13	3	4
20	5	6
32	7	8
50	10	11
80	14	15
125	21	22

表 7 - 2 一般项目正常检验二次抽样判定

抽 样 次 数	样 本 容 量	合格判定数	不合格判定数
（1）	3	0	2
（2）	6	1	2
（1）	5	0	3
（2）	10	3	4
（1）	8	1	3
（2）	16	4	5
（1）	13	2	5
（2）	26	6	7
（1）	20	3	6
（2）	40	9	10
（1）	32	5	9
（2）	64	12	13

续表 7－2

抽 样 次 数	样 本 容 量	合格判定数	不合格判定数
（1）	50	7	11
（2）	100	18	19
（1）	80	11	16
（2）	160	26	27

注：（1）和（2）表示抽样次数，（2）对应的样本容量为两次抽样的累计数量。

（3）具有完整的施工操作依据、质量验收记录。

检验批质量验收记录可按表 7－3 填写，填写时应具有现场验收检查原始记录。

表 7－3　＿＿＿＿＿＿＿检验批质量验收记录

编号：

单位（子单位）工程名称		分部（子分部）工程名称		分项工程名称	
施工单位		项目负责人		检验批容量	
分包单位		分包单位项目负责人		检验批部位	
施工依据			验收依据		

		验收项目	设计要求及规范规定	最小/实际抽样数量	检查记录	检查结果
主控项目	1					
	2					
	3					
	4					
	5					
	6					
	7					
	8					
	9					
	10					
一般项目	1					
	2					
	3					
	4					
	5					
施工单位检查结果			专业工长： 项目专业质量检查员： 　　　　　　年　月　日			
监理单位验收结论			专业监理工程师： 　　　　　　年　月　日			

7.2 防水工程质量验收

1. 分项工程验收

分项工程的验收是以检验批为基础进行的。一般情况下，检验批和分项工程两者具有相同或相近的性质，只是批量的大小不同而已。分项工程质量验收合格应符合下列规定：

(1) 所含检验批的质量均应验收合格。

(2) 所含检验批的质量验收记录应完整。

分项工程质量验收记录可按表7–4填写。

表7–4 ＿＿＿＿＿＿＿＿＿＿分项工程质量验收记录

编号：

单位（子单位）工程名称		分部（子分部）工程名称			
分项工程数量		检验批数量			
施工单位		项目负责人		项目技术负责人	
分包单位		分包单位项目负责人		分包内容	
序号	检验批名称	检验批容量	部位/区段	施工单位检查结果	监理单位验收结论
1					
2					
3					
4					
5					
6					
7					
8					
9					
10					
11					
12					
13					
14					
15					
说明：					
施工单位检查结果		项目专业技术负责人： 年 月 日			
监理单位验收结论		专业监理工程师： 年 月 日			

2. 分部工程

分部工程的验收是以所含各分项工程验收为基础进行的。分部工程质量验收合格应符合下列规定：

（1）所含分项工程的质量均应验收合格。

（2）质量控制资料应完整。

（3）有关安全、节能、环境保护和主要使用功能的抽样检验结果应符合相应规定。

（4）观感质量应符合要求。

分部工程质量验收记录可按表7-5填写。

表7-5 ＿＿＿＿＿＿＿＿＿＿分部工程质量验收记录

编号：

单位（子单位）工程名称		子分部工程数量		分项工程数量		
施工单位		项目负责人		技术（质量）负责人		
分包单位		分包单位负责人		分包内容		
序号	子分部工程名称	分项工程名称	检验批数量	施工单位检查结果	监理单位验收结论	
1						
2						
3						
4						
5						
6						
7						
8						
质量控制资料						
安全和功能检验结果						
观感质量检验结果						
综合验收结论						
施工单位项目负责人： 年　月　日		勘察单位项目负责人： 年　月　日		设计单位项目负责人： 年　月　日	监理单位总监理工程师： 年　月　日	

注：1. 地基与基础分部工程的验收应由施工、勘察、设计单位项目负责人和总监理工程师参加并签字。

2. 主体结构、节能分部工程的验收应由施工、设计单位项目负责人和总监理工程师参加并签字。

3. 隐蔽工程验收

（1）屋面工程隐蔽工程验收。屋面工程在施工过程中，应认真进行隐蔽工程的质量检查和验收工作，并及时做好隐蔽验收记录。屋面工程隐蔽验收记录应包括以下主要内容：卷材、涂膜防水层的基层；密封防水处理部位；天沟、檐沟、泛水和变形缝等细部做法；卷材、涂膜防水层的搭接宽度和附加层；刚性保护层与卷材、涂膜防水层之间设置的隔离层。

（2）地下防水工程隐蔽工程验收。地下防水工程施工过程中，应认真进行隐蔽工程的质量检查和验收工作，并及时做好隐蔽验收记录。地下防水工程隐蔽验收记录应包括以下主要内容：卷材、涂料防水层的基层；防水混凝土结构和防水层被掩盖的部位；变形缝、施工缝等防水构造的做法；管道设备穿过防水层的封固部位；渗排水层、盲沟和坑槽；衬砌前围岩渗漏水处理；基坑的超挖和回填。

参 考 文 献

[1] 全国轻质装饰与装修建筑材料标准化技术委员会建筑防水材料分技术委员会（SAC/TC 195/SC 1）. GB 12952—2011 聚氯乙烯（PVC）防水卷材 [S]. 北京：中国标准出版社，2012.

[2] 全国轻质装饰与装修建筑材料标准化技术委员会建筑防水材料分技术委员会（SAC/TC 195/SC 1）. GB/T 19250—2013 聚氨酯防水涂料 [S]. 北京：中国标准出版社，2014.

[3] 中华人民共和国住房和城乡建设部. GB 50108—2008 地下工程防水技术规范 [S]. 北京：中国计划出版社，2008.

[4] 中华人民共和国住房和城乡建设部. GB 50207—2012 屋面工程质量验收规范 [S]. 北京：中国建筑工业出版社，2012.

[5] 中华人民共和国住房和城乡建设部. GB 50208—2011 地下防水工程质量验收规范 [S]. 北京：中国建筑工业出版社，2011.

[6] 中华人民共和国住房和城乡建设部，国家质量监督检验检疫总局. GB 50345—2012 屋面工程技术规范 [S]. 北京：中国建筑工业出版社，2012.

[7] 中华人民共和国住房和城乡建设部. JGJ/T 341—2016 建筑工程施工职业技能标准 [S]. 北京：中国建筑工业出版社，2016.

[8] 魏平. 防水工程 [M]. 北京：科学出版社，2010.

[9] 王凤宝. 防水工实用技术手册 [M]. 武汉：华中科技大学出版社，2011.

[10] 谭进. 建筑防水工程施工 [M]. 北京：人民交通出版社，2011.

[11] 贺行洋、秦井燕. 防水涂料 [M]. 北京：化学工业出版社，2012.

[12] 夏怡. 防水工程施工现场细节详解 [M]. 北京：化学工业出版社，2013.

[13] 杨磊. 防水工 [M]. 北京：中国电力出版社，2014.